KB179486

강아지와 함께 하는
행복한 놀이 방법

강아지와 함께 하는
행복한 놀이 방법

ⓒ 클레어 애로스미스, 2018

초판 1쇄 인쇄일 2018년 11월 30일
초판 1쇄 발행일 2018년 12월 10일

글 클레어 애로스미스
옮긴이 강현정
펴낸이 김지영   펴낸곳 지브레인^Gbrain
편집 김현주
마케팅 조명구   제작 김동영

출판등록 2001년 7월 3일 제2005 - 000022호
주소 (04021) 서울시 마포구 월드컵로 7길 88 2층
전화 (02)2648-7224   팩스 (02)2654-7696

ISBN 978 - 89 - 5979 - 577 - 2 (13490)

- 책값은 뒷표지에 있습니다.
- 잘못된 책은 교환해 드립니다.
- 해든아침은 지브레인의 취미 · 실용 전문 브랜드입니다.

강아지와 함께 하는
행복한 놀이 방법

클레어 애로스미스 **지음**   강현정 **옮김**

해든아침

 **PART ONE** 서론 **강아지를 위하여!** 9

파트너십 10
공동의 이익 11

Chapter 1 **강아지 브레인 게임의 장점** 13

행동문제 예방 14
강아지의 두뇌와 감각 16
강아지의 행동에 영향을 미치는 것은 무엇인가? 17
습관화 18
조건화 18
예민한 시기와 사회화 21

Chapter 2 **강아지 브레인 게임을 계획하며** 22

강아지는 언제부터 놀이를 할 수 있을까? 22
강아지는 어떤 놀이를 할 수 있을까? 23
브레인 게임은 신체적으로 안전한가? 23
개인의 기호 25
나이가 브레인 게임에 미치는 영향 27
브레인 게임은 재미있어야 한다 28
강아지에게 보상하기 31
실수에 대처하는 방법 32
강아지가 즐거워하는 브레인 게임 34
어떤 간식을 줘야 할까? 34
브레인 게임을 하는 동안 발생할 수 있는 문제 43
놀이 끝내기 46

_{Chapter} **3** 준비물과 기본훈련   48

사람을 위한 장비   48

강아지를 위한 장비   49

클리커 트레이닝   51

놀이를 할 때 사용해서는 안 되는 것들   52

기본 훈련   53

앉아   56

엎드려   58

이리와!   60

불렀을 때 강아지의 반응을 향상시키는 놀이   61

 **PART TWO** 브레인 게임 시작하기 62

브레인 게임 지침서   65

Chapter 4 집에서 할 수 있는 브레인 게임   66

감각놀이   66
재미있는 박스   67
선물포장   68
철장 안에서 재미있게   70

Chapter 5 활동적인 놀이   72

돌아   72
둥글게 둥글게   74
의자 차차차   74
가져와   76
스텝업   78
보물찾기   80
터그 놀이   82
요가 강아지   84
당겨   86
안겨   88

Chapter 6 · 찾기 놀이 90

먹이 찾기 90

찾아와 92

비스킷 어디 있지? 94

목줄 어디 있지? 96

Chapter 7 · 파티게임 98

강아지는 발이 몇 개일까? 98

절하기 100

내게 비밀을 말해줘! 102

악수 104

다리 꼬기 106

구르기 108

배를 보여줄래? 110

뒤에 누가 있게? 111

강아지셔플 112

Chapter 8 · 정원에서 할 수 있는 브레인 게임 114

안팎으로 그리고 근처에서 114

힌트를 줄게 116

뱀과 사다리 118

첨벙첨벙 120

서핑 강아지 122

널빤지 건너기 124

숨바꼭질! 126

풋볼 게임! 128

PART ONE

서론

강아지를 위하여!

개는 매우 인기 있는 반려동물로, 미국과 영국에서는 개를 키우는 가정이 50%를 넘는 것으로 추정될 정도이며 전 세계적으로는 9천만 마리 이상의 개를 키우고 있다고 한다. 모든 개는 서로 다른 배경에서 파생되었고 그 역할도 다양하지만, 개를 키우는 사람들은 자신의 삶에 들어온 강아지들이 평생의 동반자가 되어주기를 바라는 것만은 분명하다. 그래서 강아지들은 종종 인간 가족 구성원만큼이나 애착의 대상이 되기도 한다.

파트너십

개는 우연히 우리 인간의 삶에 끼어든 것이 아니다. 역사적으로 함께 살고 일을 하고 공존하면서 서로에게 이익이 되어왔다. 개는 수천 년에 걸쳐 인간의 다양한 생활패턴에 따라 멋지게 적응하며 진화했고, 이제 개가 없는 세상은 상상도 할 수 없을 정도가 되었다.

개의 사역적 측면을 떠나서 개와 함께 하는 생활은 신체적으로나 정서적으로 우리에게 큰 도움이 된다. 개를 키우면 아이들은 물론 성인도 좀 더 활동적이 되기 때문에 콜레스테롤과 혈압이 낮아질 뿐만 아니라 중증의 불안장애가 경감된다. 또 다양한 형태의 신체적, 정서적 장애를 가진 사람들에게는 사회적 접촉을 높이는 긍정적인 효과까지 가져온다. 최근에는 개의 후각능력에 관한 재미있는 연구가 발표되었다. 개가 암뿐만 아니라 당뇨와 발작 등의 질병들을 조기에 감지하여 사람에게 알려줄 수 있다는 것이다.

시간이 갈수록 의료 수준이 향상되고 식단이 개선되면서 개는 분명 많은 혜택을 받아왔다. 앞으로도 반려인들은 소득이 허락하는 한 뭐든지 가장 좋은 것으로 해주기 위해 놀라울 만큼 최선을 다하리라는 것은 의심할 여지가 없다.

공동의 이익

강아지의 건강과 부족한 훈련, 사회화 문제를 개선하고, 행복하고 자극 있는 생활을 영위할 수 있게 하려면 가급적 강아지와의 관계를 극대화해야 한다. 그렇게 해야 행동문제가 감소하고, 또 발생하더라도 행동교정프로그램을 통해서 긍정적으로 유지될 수 있을 만큼 강아지와 주인의 유대감이 충분히 강해진다.

나는 우리가 강아지와 함께 즐거운 시간을 보내고 브레인 게임을 하는 것이 건강한 보호자-개의 관계를 구축하는 한 부분이 될 것이라고 생각한다. 이 책을 읽은 후에 독자 여러분도 이 의견에 공감하기를 바란다.

강아지는 적응력이 매우 뛰어나다.

어미에게 느끼는 유대감은 당연히 태어날 때부터 강하게 존재할 것이다.

하지만 인간 가정에 온 강아지는 새로운 가족역학에 빠른 속도로 흡수되어

집안에서 가장 사랑받는 존재로 자리 잡게 된다.

강아지뿐만 아니라 보호자들에게도

긍정적인 이 관계는 서로에게 완벽한 윈-윈이라고 할 수 있다.

강아지 브레인 게임의 장점

플레이 즐거움을 위한 게임이나 활동.

게임   놀이에 몰두하는 활동.

자칫 하찮고 어린 개체만 위한 것처럼 보일 수도 있지만 사실 놀이는 살아가는 데 필요한 기술을 발달시키는 중요한 역할을 한다. 놀이에는 복잡한 상호작용이 수반되기도 하고 상황에 따라서 달라지기도 한다. 노는 연습을 할 시간이 없고 행동패턴의 유연함이 줄어드는 성견이 됐을 때 중요해질 행동을 어린 시절에 미리 연습하고 발달시키는 역할을 한다.

어린아이가 탐색과 사회적 피드백을 거치면서 배우듯이 강아지 역시 어떤 것은 해도 되고 어떤 것은 해서는 안 되는 행동인지 배울 기회가 필요하다. 따라서 브레인 게임을 마치 개에 집착하는 사람이나 하는 것으로 여겨서는 안 될 것이다. 오히려 이런 견주들이 어떤 유형의 개들이든 이롭게 할 수 있다. 브레인 게임을 하는 과정에서 관리가 잘 되는 개와 문제가 있는 개의 차이를 발견할 수 있을 것이다.

강아지는 어릴 때 주인의 손을 무는 행동이 옳지 않다는 것을 배워야 한다.

이른 시기의 놀이가 중요하다

어린 동물에게 학습은 신속하게, 어떤 때는 한 번의 시범만으로도 이루어진다. 이것은 선험적 경험이나 기대가 별로 없는데다 뇌가 어릴수록 수용적으로 받아들이는 특성 때문이다. 또 어린 동물은 심한 부상을 입힐 힘이나 신체적 무기가 형성되어 있지 않기 때문에 가르칠 때도 안전하다. 강아지의 이빨이 바늘처럼 날카롭기는 하지만 훨씬 더 근력이 강한 턱에서 자란 성견의 이빨보다는 피해가 적다. 그래서 더 크고 강하게 자라기 전 강아지가 아직 어릴 때 무는 힘을 조절하는 법과 적절하게 행동하는 법을 가르치는 것이 매우 중요하다.

놀이의 장점 - 당신과의 관계

정서적으로 긍정적인 반응을 촉진시키는 어떤 활동이든 당신과 강아지의 정신적 건강에 유익하다. 이것은 결국 신체적 건강으로도 이어진다. 특히 놀이 활동은 건강을 향상시키는 지름길인 운동 레벨을 증진시킬 수 있는 좋은 방법이다.

행동문제 예방

행동문제는 흔히 시간이 흐르면서 발전하거나 살아가는 동안 겪게 되는 특정사건에 의해 불거진다. 최고의 유전적 조성으로 얻은 강아지에게 온전한 사회화 기간과 고통을 주지 않는 양질의 트레이닝을 보장한다면 행동문제의 발생 가능성을 최소화할 수는 있다. 하지만 '예방'의 관점에서 본다면 문제라고 인식하기 전까지 그 사안들은 사소하게 느껴질 수도 있다. 아마도 대부분의 행동문제는 이미 형성되어 있었을 것이다. 하지만 반려인들은 인내심의 한계를 넘어서거나 '평범한' 강아지의 행동이라는 인식이 깨진 후에야 문제를 깨닫곤 한다.

어린 강아지와 놀아주는 것은 대단히 즐거운 경험이다.
강아지와 함께 재미있게 놀이를 하면 사랑이 바탕이 된 유대 관계를 형성하는 데 도움이 될 뿐만 아니라 강아지도 통제된 방식으로 세상에 대해 배울 수 있다.

소량의 간식은 언제나 인기 있다.

브레인 게임의 목표는 당신과 강아지가 즐겁게 상호작용을 하고 바람직한 삶의 기술을 자연스럽게 연마함으로써 미래를 위해서 균형 잡힌 체계를 만들어내는 것이다. 놀이는 자연스럽게 신체적 정신적으로 자극을 주면서 정서적인 반응을 발달시키고 미세하게 조정할 수 있는 발판을 마련한다. 놀이를 통해서 강아지는 신체조절 능력을 향상시키는 법을 배우고, 할 수 있는 것과 할 수 없는 것의 경계도 인식하기 시작한다.

얼마나 많은 놀이행동이 사라졌는지는 동물이 처한 상황에 따라 다르겠지만 심리적으로 스트레스를 받거나 신체적 문제를 겪는 동물들에게서는 놀이행동이 거의 보이지 않는다.

물론 놀이가 모든 행동장애의 치료법이라는 뜻은 아니다. 충동을 조절하는 법을 배운 적이 없거나 지나친 공포심에 사로잡혀 고통 받는 개도 있다. 이런 문제들은 전문가들이 해결해야 한다. 이미 대처능력이 없는 개의 인생에 자극을 준다고 해서 문제가 저절로 해결되지도 않는다. 하지만 일반적으로 할 수 있는 가장 건강한 방법이 자극을 주는 것이다.

장난감으로 놀게 하면 강아지는 집에서도 해롭지 않게 본능을 표출할 수 있다.

강아지의 두뇌와 감각

어떤 품종, 어느 개체이든 강아지에게는 놀라운 잠재능력이 있다. 발작을 조기에 감지하여 경고하거나 산이나 재난 현장에서 부상자를 찾아내는 특별한 능력을 가진 개는 제외하더라도 개는 우리에게 감동을 주고 놀라운 일을 해내곤 한다. 우리는 강아지의 시선으로 세상을 보는 능력도 없고 그에 합당한 감각기관도 없다. 하지만 아무리 작은 강아지라고 해도 개의 감각기관은 믿기지 않을 만큼 예민하다.

사람과 마찬가지로 강아지도 후각, 청각, 시각, 촉각, 미각을 통해서 세상에 대한 정보를 받아들인다. 이 감각들은 너무나도 예리해서 강아지가 인식하기에는 매우 광범위할 것이다. 우리는 강아지가 매일 어떤 일을 경험하는지 결코 상상할 수 없다. 인간의 수용기가 500만인 데 비해 강아지의 코에는 약 2억 2000만 수용기가 있고, 인간이 Hz가 2만까지인데 반해 개는 6만Hz까지 진동수를 들을 수 있다. 또한 특히 더 발달된 시야로는 우리보다 훨씬 더 정확하게 움직임을 감지할 수 있다.

이렇게 특별한 재능을 갖고 태어나는 강아지는 연습을 통해서 기술을 더욱 향상시킬 수 있다. 어린 강아지의 뇌가 자극을 받고 익숙해질수록 앞으로 직면하게 될 정보를 처리하는 능력도 발달할 것이다.

강아지는 자신을 둘러싼 세계에 대해 지칠 줄 모르는 호기심을 갖고 있으며 새로운 것을 탐색하고 경험하기를 열망한다.

모든 강아지들은 곧 인생이 놀라움으로 가득 차 있다는 것을 배우게 된다. 성공적인 트레이닝은 앞으로 닥칠 상황들을 손쉽게 헤쳐 나가는 데 도움이 될 것이다.

강아지의 행동에 영향을 미치는 것은 무엇인가?

강아지는 유전적으로 내재된 본능적인 습성들을 가진 채 태어난다. 그런 것들을 수행하기 위해서 연습하거나 배울 필요는 없겠지만 인생의 후반에 이르기 전까지 발현되지 않는 것들도 있다. 성견이 되면 상당히 안정적인 성격이 되겠지만 그 밖의 행동양식들은 인생 전반에 걸쳐 끊임없이 겪는 경험에 영향을 받으면서 발달할 것이다.

강아지는 어떻게 배울까?

강아지가 아무리 놀라운 존재라고 해도 자신에게 닥친 모든 일들에 어떻게 대처해야 하는지 알거나 인간의 규칙에 대해서 뱃속에서부터 배워서 태어나지는 않는다. 안타깝게도 사람들은 강아지나 개가 저절로 예의바르게 행동하거나 어떤 것이 잘못된 행동인지 알고 있어야 한다고 생각하는 경향이 있다. 하지만 우리가 어떤 행동을 바라는지 일부러 시간을 내어 가르치지 않는 이상 강아지는 당연

강아지는 후각, 시각, 청각이 매우 발달되어 있다.

히 계속 실수를 저지를 수밖에 없다.

반려인들이 강아지 학습이론에 관한 세부사항까지 꼼꼼히 꿰고 있을 필요는 없다. 하지만 기본적인 이론 정도만이라도 알아둔다면 강아지에게 브레인 게임이나 복종 훈련을 가르칠 때 적절한 판단을 내리는 데 도움이 될 것이다.

습관화

습관화는 가장 단순한 학습 형태이다. 예를 들어 강아지가 어떤 물건에 노출됐을 때를 가정해보자. 이 물건은 강아지에게 별다른 의미가 없기 때문에 그것에 대해서는 반응하지 않도록 학습된다. 이로 인해 자신과 관련된 일에 에너지를 집중할 수 있고 불필요한 투쟁도피반응(긴박한 위협 앞에서 자동적으로 나타나는 생리적 각성 상태)을 방지할 수 있어 장점이 되기도 한다. 우리 인간도 우리를 둘러싼 환경, 예를 들어 외부의 교통소음 같은 소리를 무시하도록 습관화된다.

자신이 처한 환경에서 습관화가 이루어질 충분한 기회가 없었던 강아지는 환경에 어느 정도 대처하는 능력이 생기는 성견이 되어서도 깜짝 놀라거나 두려워하는 반응을 보일 가능성이 높다.

조건화

이 용어는 경험이 개인의(이 경우에는 강아지의) 정서적 신체적 반응에 지속적으로 영향을 미치는 연관성(긍정적이든 부정적이든)을 만들어

습관화는 강아지가 과도한 두려움이나 스트레스를 받지 않고 낯선 것들을 받아들이는 데 도움이 된다.

낸다는 뜻이다.

고전적 조건형성

저명한 러시아의 과학자 이반 파블로프의 연구로 잘 알
려진 고전적 조건형성은 연관성이 있거나 반복적인
어떤 사건에 관한 것을 가리키는 용어로, 보상이나
유쾌하지 않은 경험을 얻게 되는 중립적 사건
이 반복되면 강아지의 반응에 강한 영향
을 미칠 수 있다는 내용이다. 예를
들어 손님이 방문할 때마
다 간식을 주면 강아지
는 누군가 현관 앞에 올
때마다 간식을 기대할 것이기

보상은 행동을 형성시키는 역할을 한다.

때문에 이 사건(손님이 방문하는 것)에 대해 긍정적인 감정을 갖게 된다.

조작적 조건형성

어떤 일의 결과나 강아지가 특정 행동을 수행한 후에 발생한 상황은 강아지가 이
일을 다시 할지 결정하는 데 영향을 미치게 된다는 내용이다. 예를 들어 당신이 강아
지를 부른다. 강아지가 도착하면 간식을 준다. 그 결과 강아지는 당신이 부를 때 오
면 즐거운 일이 생긴다는 것을 배우게 되어 다시 이런 행동을 선택할 가능성이 높아
진다.

관찰학습

관찰학습은 강아지가 다른 개나 사람을 지켜보고 그들의 행동에서 배울 때 발생한
다. 대부분의 사람들은 나이 많은 개가 어린 강아지의 훈련에 도움이 되기를 바라는
데 이는 어느 정도 맞는 이야기이다. 하지만 연령과 성격에 따라 다른 개의 좋지 않

은 행동이 물들 수도 있기 때문에 항상 관리가 필요하다.

잠재학습

잠재학습은 외부의 신호를 받지 않은 상태에서 일어난다. 이것은 강아지가 정보를 처리하는 과정에서 발생하는데 나중에 그 행동이 필요해질 때까지는 특별히 수행하거나 연습할 필요가 없다.

이런 과정들을 어떻게 브레인 게임에 이롭게 적용할 수 있을까

매일 똑같은 일상에서 강아지는 행동을 수행하면서 받는 피드백을 통해 학습된다. 만약 그 경험이 긍정적이라면 강아지는 그 행동을 반복하고 싶은 마음이 들겠지만, 그 경험이 별로 유쾌하지 않았다면 그 행동을 하려 들지 않을 것이다. 강아지가 수행하기 바라는 행동이 있다면 보상을 통해서 그 행동이 즐거워지도록 가르쳐야 한다.

당신의 반응이 강아지의 발달에 큰 영향을 미치므로 이 황금 같은 트레이닝 기회를 놓치지 않도록 하자.

이른 시기부터 의사소통을 하며 놀이를 시작한다.

예민한 시기와 사회화

과학자들은 태어난 지 얼마 되지 않은 강아지가 몇 달 동안 겪었던 경험 또는 경험 부족이 앞으로의 습성에 어떤 영향을 미치는지 밝혀내기 위해 많은 연구를 진행했다. 그리고 3주에서 12주 사이가 특히 예민한 강아지의 성장기이며 새로운 경험에 긍정적이고 왕성한 호기심을 드러낸다는 것을 밝혀냈다. 이 시기가 지나면 학습이 계속되더라도 강아지는 걱정이나 심지어 공포심 없이 새로운 것을 받아들일 가능성이 적다는 것이다. 따라서 사회적 기술이 발달하는 매우 중요한 시간이라고 할 수 있다. 이런 이유로 사회화가 되지 않은 강아지들은 예기치 못한 사건이 일어나거나 삶의 어느 시점에서 생활 방식이나 환경이 변하게 되면 대처능력이 더욱 취약해진다.

놀이를 하면서 강아지는 새로운 것을 보고 듣고 활동하게 되기 때문에 다양한 사회적 경험(다양한 행동을 하는 사람들)과 각양각색의 익숙하지 않은 사물들을 받아들이게 된다. 그래서 성장할수록 더 씩씩하고 자신감 있는 성격을 표출하는 데 도움이 된다.

당신의 역할은 이제부터 시작이다!

강아지를 키우는 사람들은 대부분 자신감 있고 사회성이 출중한 강아지를 원한다. 그렇다면 강아지가 뛰어난 사교성을 가질 수 있도록 이 중요한 시기에 소중한 시간과 노력을 쏟아 부어야 한다. 이 시간은 결코 되돌릴 수도, 다시 할 수도 없다는 사실을 명심하자. 기회는 단 한 번뿐이기 때문에 절대 놓쳐서는 안 될 것이다.

놀이를 즐기는 강아지가 행복한 개가 된다.

강아지 브레인 게임을 계획하며

강아지는 언제부터 놀이를 할 수 있을까?

움직임도 서투르고 조정력도 부족하지만 3주 정도가 되면 놀이행동을 보이기 시작한다. 아직 신체 능력이 약하기 때문에 처음에는 발로 툭툭 건드리는 간단한 정도에 그치지만 힘과 조정력이 조화를 이루게 되면 점프하고 구르고 뒤엉키고 깨물고 추격하는 연습을 시작한다. 그리고 곧 장난감 같은 물건에 대해서 놀이 행동을 시작한다. 약 8주가 되면 당신에게 되돌아오는 모습을 보이는데 비록 놀이를 할 수 있는 시간은 짧지만 어엿하게 교감을 나눌 수 있다.

성견의 행동패턴이 어린 강아지나 젊은 개보다 고착화되어 있는 반면 아주 어린 강아지는 행동이 매우 빠르게 발달하기 때문에 무수한 시행착오와 탐색 경험에 영향을 받을 수밖에 없다. 즉 놀이를 즐길 시기에 제대로 놀아본 적이 없는 강아지가 성견이 되었을 때 잘 배울 가능성은 매우 낮고 행동 패턴도 유연하지 않다.

드잡이와 몸싸움은 전형적인 놀이행동이다.

시간 잘 보내기

신체적 성장과 두뇌 발달을 위해서 강아지는 잠을 많이 자야 한다. 하지만 그 와중에도 못된 짓을 저지를 기회는 얼마든지 있다. 이때 가족구성원들이 허용하는 일에 몰입한다면, 잘못을 저지를 기회나 달갑지 않은 습관이 발전할 기회는 줄어들 것이다.

강아지는 경험과 당신의 가르침을 통해서 배울 수밖에 없다. 집안의 규칙이나 어떤 것이 당신의 것인지 태어날 때부터 아는 것이 아니기 때문이다.

강아지는 어떤 놀이를 할 수 있을까?

강아지의 신체적 요건이 갖추어지고 각 세션에 대한 당신의 기대가 현실적일 때 접근하는 방법만 올바르다면, 강아지는 폭넓은 범위에서 다양한 놀이를 할 수 있다. 9주짜리 어린 강아지가 처음부터 복잡한 트릭을 마스터하기를 기대한다면 당연히 실망할 수밖에 없다. 하지만 이런 트릭을 가르치기 쉽게 작은 부분으로 나누어 체계적으로 준비한다면 강아지가 얼마나 빨리 배우는지, 아무리 어린 강아지라도 얼마나 즐거워하는지 보는 것만으로도 흐뭇할 것이다.

어린 시절의 장난감

강아지가 아주 어릴 때부터 장난감이 가지고 노는 물건이라는 것을 배우면 당신의 소지품을 노리거나 연로한 개나 고양이를 귀찮게 굴 확률이 줄어들 것이다. 이런 간단한 조치가 수많은 강아지들의 문제점을 예방하는 결정적인 요인이 된다. 어릴 때 장난감을 갖고 노는 법을 배우지 못하면 아무리 노력해도 노는 방법을 익히지 못할 수 있다. 놀이를 해본 적이 없는 강아지란 생각만으로도 슬프지 않을 수 없다.

강아지는 어릴 때부터 장난감은 갖고 놀아도 된다는 것을 배워야 한다. 하지만 다른 가족의 물건을 허용해서는 안 된다.

브레인 게임은 신체적으로 안전한가?

활발한 개가 주는 긍정적인 영향력은 얼마든지 있지만, 놀이 활동을 시작하기 전에 생각해야 할 문제도 있

다. 가장 중요한 것 중 하나가 신체적 운동의 안전성과 사지와
관절의 부상 가능성이다. 주요 성장 단계가 완전히 끝나면 뼈
가 단단해지지만 아직 자라는 동안에는 뼈끝의 성장판이 부
드러운 상태이다. 이 성장판은 과도한 충격에 쉽게 손상되는
예민한 부위이기 때문에 특히 크고 체중이 많이 나가는 품종에
게는 힘든 운동을 시키지 않는 것이 좋다.

그렇다고 강아지와 함께 하는 모든 운동을 피한다는
것은 건강하지도 바람직하지도 않다. 관절이 제 기능
을 하려면 관절을 보호하는 근육이 필요하고, 이 근
육을 형성하기 위해서는 절제된 운동이 필요하
다. 따라서 부상에 대한 걱정으로 필요한 운
동을 하지 않는다면 적어도 강
아지의 입장에서는 트레이닝
기회가 제한될 뿐만 아니라 환
경적 사회적으로 중요한 교감을 나
눌 기회도 잃는 셈이다.

온가족이 강아지와의 놀이를 즐거워 할 것이다.

성장이 빠른 시기에는 과도한 운동을
시키지 않는 것이 좋다.

| 이틀 | 이 주 | 3주 | 4주 | 6주 |

개인의 기호

세상에 완전히 똑같은 사람은 어디에도 없다. 우리의 유전암호와 살아가면서 겪는 경험들이 우리를 둘러싼 환경에 대한 인식을 변화시키고 의사소통 방식을 바꾸게 된다. 이런 요인들은 강아지가 좋아할 놀이를 고려할 때도 중요한 의의가 있다. 전에 키우던 개와 했던 경험이나 지인들의 똑똑한 강아지를 기준으로 삼지 않도록 한다. 모든 개는 다르다는 것만 기억하자.

유전자

개는 약 300여 품종으로 분류된다. 이 품종들은 특별히 바람직한 특성을 가진 개를 신중하게 선택해 여러 세대에 걸쳐 번식시키는 지루한 선별 과정을 통해 이루어졌다. 세계 곳곳에서 이런 작업이 실행되고 서로 다른 목표가 달성되면서 인간은 놀라운 품종들을 만들어냈다. 특정 업무를 능숙하게 해내는 개를 선별하여 번식을 거듭한 결과 외형뿐만 아니라 행동방식까지 바꿔버린 것이다.

가축화 과정에서 개는 인간에게 해를 끼치

품종은 강아지가 가장 좋아하게 될 놀이의 종류에 영향을 미친다.

지 않고 함께 살 수 있는 존재로 개조
되었다. 사람에게 길들여진 개는 야
생 동족들보다 덜 독립적이면서 사회
적 인식은 훨씬 더 발달되었다는 연
구가 있다.

품종과 가축화의 영향에 따라 다르
겠지만 시베리안 허스키나 일본의 아

키타견처럼 좀 더 원시적인 유형의 개들은 사람과 좀 더 직접적인 상호작용의 목적
으로 만들어진 품종보다 눈을 마주치지 않으려는 경향이 있다고 한다. 즉 품종의 특
성이 특정놀이를 하고자 하는 욕구에 영향을 미친다는 뜻이다. 하지만 적절한 준비
와 심사숙고 과정을 거친다면 트레이닝 목표를 이룰 수 있을 것이다.

체형

강아지의 체형은 강아지가 즐기는 활동 스타일에 영향을 미친다. 대부분의 경우
체형은 품종의 행동 유형과 밀접하게 연관되어 있다. 예를 들어 바셋 하운드의 짧은
다리와 긴 코와 귀는 냄새를 추적하는 데 완벽한 체형으로 만들어졌
으며, 그 목적에 맞게 후각 기능까지도 특별히 예민하게 완성된

유희점

놀이의 안전성을 고려할 때 강아지의 크기는 중
요한 문제가 된다. 덩치가 크고 무게가 나가는
견종은 성장기간이 길어서 여물지 않은 관절에
악영향을 미치는 체중 때문에 다치기 쉽다.

놀이를 하고 있는 차세대 아이들

품종이다. 체형은 강아지에게 가르치려는 놀이 유형에도 영향을 미친다. 책에 기술된 놀이 대부분은 모든 강아지에게 적합하지만 상황에 따라 사용할 도구를 바꾸거나 강아지의 체격이나 정신적인 기질을 고려하여 기대치를 조정해야 할 것이다.

나이가 브레인 게임에 미치는 영향

8주쯤 된 강아지를 집에 데려오면 처음에는 1~2분 정도의 짧고 간단한 트레이닝 세션에 집중하고 세션 사이사이에 쉬는 시간도 자주 가져야 한다. 몇 달이 지나면 강아지는 좀 더 오래 트레이닝에 집중할 수 있을 것이므로 트레이닝 세션은 10분 정도로 늘렸다가 쉬는 시간을 가지면 된다.

모든 강아지는 다르기 때문에 놀이를 하는 데 걸리는 시간은 키우는 강아지에 맞춰 조정해야 한다.

다양성을 받아들이고 활동의 재미를 보장하는 것이 세션을 즐겁게 유지할 수 있는 가장 좋은 방법이다. 강아지가 학습과 활동을 수행하는 데 익숙해지면 한 가지 이상의 과제나 행동을 엮어서 좀 더 복잡한 트릭이나 놀이를 만들 수 있다.

강아지가 아직 어릴 때는 놀이 세션을 1~2분 정도로만 한다.

사춘기가 되면 강아지가 오랜 시간 배워왔던 수많은 학습들을 잊어버린 것 같아도 실망할 필요는 없다. 호르몬과 사회적 환경이 변하면 강아지에게 동기를 부여하는 것도 달라지기 때문에 반려인의 요구에 대한 집중력이 떨어지는 것은 종종 있는 일이다. 일관성을 유지하면서도 즐겁고 성취 가능한 도전과제를 제시하고 보상을 잊지 않는다면 이 단계는 장기적인 문제로 발전하지 않고 가볍게 지나갈 것이다.

브레인 게임은 재미있어야 한다

브레인 게임의 목적은 재미를 얻기 위해서인데 때때로 반려인과 강아지들은 그 과정에서 불만을 느끼거나 스트레스를 받기도 하고 중요한 것을 서로 놓치기도 한다. 이런 위험을 최소화하기 위해서 강아지나 개와 놀이를 할 때는 다음과 같은 키포인트를 고려해야 한다.

이 브레인 게임이 재미있는가?

그 경험이 강아지를 위한 보상인가? 강아지가 편안하게 느끼는 놀이가 아니라면 안 된다. 경우에 따라서는 즐거운 경험을 통해 강아지가 행복해지도록 가르치는 놀이의 마지막까지 서서히 강화시키는 것을 의미한다.

강아지에게 선택권이 있는가?

강아지에게 선택권이 없다면 자칫 극도로 피하고 싶은 경험을 심어줄 우려가 있다. 강아지가 불편해한다면 억지로 곁에 두거나 특정 임무를 수행하라고 강요해서는 안 된다. 강아지가 기꺼이 교감을 나눌 준비가 되어 있고 함께 놀고 싶어 하게 되면 당신은 더 많은 것들을 이룰 수 있을 것이다.

강아지는
활기 넘치는
터그놀이를
좋아한다.

놀이시간이 너무 길거나 격렬한가?

특히 처음 몇 달 동안 강아지는 한 번에 1~2분 이상 과제에 집중하지 못할 것이다.

강아지가 활동에 익숙해지면 점차 나아지겠지만 처음에는 놀이시간을 짧게 유지하는 것이 중요하다. 또 쉽게 지치기 때문에 놀이에 스트레스를 받지 않도록 트레이닝이나 놀이 활동 사이에 규칙적으로 휴식 시간을 갖는 것이 매우 중요하다. 가끔은 강아지가 다른 것을 하거나 물을 마시러 가거나 화장실을 가게 해주고 또 적절한 휴식을 위해서 잠시 안정을 취할 수 있게도 한다.

강아지도 두뇌가 발달하려면 잠을 자는 것이 중요하다. 휴식이야 말로 브레인 게임의 중요한 요소라고 할 수 있다.

강아지에게는 쉬는 시간이 자주 있어야 한다.
잠깐씩 곯아떨어질 시간을 자주 주는 것이 좋다.

어디에서 하는가?

강아지는 자신이 지내온 환경에서 편안함을 느끼기 때문에 장소가 중요하다. 장소가 마음에 들지 않으면 집중하지 못하고 산만해질 것이다. 나이가 많은 개나 어린아이가 놀이를 방해하거나 장난감을 갖고 가기도 한다. 놀이는 방해요소가 없는 곳, 특히 강아지를 놀라게 할 만한 것이 없고 어떤 침범도 받지 않은 상태에서 배울 기회가 많이 있어야 한다.

언제 하는가?

가장 좋은 상태에서 놀이를 하려면 강아지가 피곤하거나 배가 부르거나 아주 산만해졌을 때는 피해야 한다. 상당한 끈기와 집중력이 필요한 과제에 몰두하기를 원한다면 강아지가 에너지를 불태울 수 있을 때여야 할 것이다.

당신이 밝고 호응을 잘 하는 놀이친구
라면 강아지는 기꺼이 당신의 친구가
되려 할 것이다.

자, 이거
재미있어!

당신은 좋은 놀이친구인가?

강아지는 당신의 기분이나 바디랭귀지, 놀이스타일에 반응을 보이기 때문에 강아지가 스스로 즐길 수 있도록 도움을 줘야 한다.

급하게 달려들거나 몸을 위로 굽히거나 손을 빠르게 뻗거나 큰 소리를 내는 등 강아지가 위협적으로 받아들일 수 있는 행동은 자제한다.

당신은 강아지를 이해할 수 있는가?

개는 자신의 감정 상태를 전달할 수 있는 훌륭한 신호가 잘 발달된 사회적 동물이다. 이 점을 인지한다면 강아지가 언제 행복해하고 언제 자신 없어 하는지 알게 될 것이다.

발로 긁는 행위는 아마도 '나는 당신이 무엇을 원하는지 몰라요'라는 표현일 것이다.

강아지가 트레이닝 요구를 무시하고 발로 긁거나 냄새를 맡거나 꼬리를 흔드는 행동은 감정적인 갈등이 있다는 것을 드러내는 회피행동일 수도 있다. 호되게 야단치는 대신 어떻게 하면 좀 더 쉽게 이해시킬 수 있는지 또는 어떻게 강아지를 편안하게 해줄 수 있는지 고민하는 것이 바람직하다. 어쩌면 강아지는 약간의 휴식이 필요했을 뿐인지도 모른다. 잠시 쉬었다가 다시 시도해보자.

당신은 강아지와 브레인 게임을 하는 시간이 즐거운가?

그렇지 않다면 왜 즐겁지 않은지 생각할 시간을 갖는 것이 좋다. 위에 나온 사항들을 다시 살펴보고 문제가 있는지 확인한다. 혹여 스스로에게나 강아지에게 너무 많은 기대를 걸고 있는 것은 아닐까?

놀이의 목적을 다시 생각해보자. 그것은 당신과 반려견이 함께 유대관계를 맺는 동안 즐거움을 느끼기 위해서였다.

강아지에게 보상하기

대부분의 견주들은 트레이닝 때 강아지에게 보상이 필요하다는 사실을 의아해한다. 특히 그 자체로 재미있는 '놀이'를 가르칠 때 더욱 그렇다.

이렇게 생각해보자. 당신의 강아지는 기쁨과 고통을 느낄 줄 아는 지각이 있는 생명체이다. 그렇기 때문에 기분 좋은 일을 할 때 더 즐거워한다. 가르치고자 하는 행동이 강아지를 기분 좋게 하는지 아닌지는 트레이닝을 가르치는 사람에게 달려 있다. 보상을 받으며 배운 강아지가 처벌을 경험하며 트레이닝을 받은 강아지보다 더 빨리 배우고 문제가 덜 발생한다는 연구도 있다.

강아지가 놀이에 대해서 완전히 습득하고 얼마나 재미있

보상과 칭찬은 강아지의 행동을 형성하는 가장 좋은 방법이다.

는지 이해할 때까지 성공을 향하는 모든 단계마다 강아지를 칭찬하고 용기를 북돋아 줄 필요가 있다.

보상은 응석을 받아주는 것이 아니다.

그 차이를 구별하는 것이 중요하다. 어느 정도 수행을 잘 하면 보상받는다는 것을 배운다면 강아지는 사실상 '보수'를 받는 셈이다. 이것은 아무것도 하지 않았는데 많은 음식이나 칭찬을 받는 것과는 완전히 다르다.

강아지 트레이닝을 할 때 인내심은 미덕이 된다. 간혹 문제가 생기기도 할 것이다. 하지만 화풀이는 하지 말아야 한다. 화를 낸다고 도움이 되는 것도 아니다.

실수에 대처하는 방법

누구나 실수를 하듯이 강아지도 당연히 실수를 저지른다. 이 실수는 당신이 집에 없을 때 또는 트레이닝 중에도 발생할 수 있다. 하지만 화를 내거나 야단 치기 전에 이 작고 어린 동물은 인간이 무엇을 기대하는지 프로그래밍된 상태로 태어나지 않았다는 사실을 상기하자.

작은 실수에 대한 책임을 물어야 한다면, 강아지에게 실수를 저지를 틈을 보였거나 소통에 실패한 주인의 탓이 크다. 강아지에게 짜증을 내기보다는 강아지가 잘 이

해할 수 있고 다음번에 같은 상황에
서 다르게 반응할 수 있도록 어
디가 잘못되었고 어떻게 수정
해야 할지 고민하는 것이 우선
이어야 할 것이다.

처벌 장소?

강아지가 잘못을 저질렀을 때
확실히 알게 해야 하는지에 관해
서는 그동안 많은 논란이 있어
왔다. 이론상으로는 맞다. 하지
만 트레이닝 중에 정당한 이유 없
이 처벌하면 곤란한 상황이 벌어질 수도
있다.

야단을 칠 때는 신중하게
–당신의 곁에서 강아지가
불안해하기를 원하지 않는다
면 말이다.

무엇보다 처벌은 타이밍이 맞아야 한다. 그렇지 않으면 강아지는 당신의 반응을
다른 것과 연관 짓거나 당신 자체와 연관 지을 수 있다. 그 결과 새로운 상황이 닥치
거나 당신이 교감을 나누려 할 때 불안해하거나 무서워하게 될 것이다. 실제로 강아
지가 달갑지 않은 짓을 저지르는 장면을 목격한 것이 아닌 이상 좋지 않은 생각이다.
또 실제로 목격했다 하더라도 가장 좋은 방법은 강아지의 주의를 딴 데로 돌리거나
당신이 원하는 행동을 하도록 지시하는 것이다. 강아지가 할 수 없는 것만 요구한다
면 성공하기 위해서는 실로 멀고도 스트레스 받는 여정이 될 것이다.

또한 처벌을 어느 정도나 해야 하는지 가늠하는 것도 쉬운 일은 아니다. 개의 커뮤
니케이션 능력은 다른 이들과 교감을 나눌 때 적절한 상황에서 적정량의 신호를 보
낼 수 있도록 고도로 다듬어진다. 우리가 특히 아끼는 물건을 망가뜨렸거나 이미 지
쳤거나 스트레스를 받았거나 또는 이미 긴장할 수밖에 없는 강아지와 관련된 다른
문제가 있을 때 과도한 반응을 보일 것이다. 강아지는 이 과민반응을 이해하지 못하

기 때문에 일관적이지 않은 당신에게 두려움을 느낄 수도 있다.

강아지가 즐거워하는 브레인 게임

- 요구사항은 간결하고 달성 가능한 것으로 한다.
- 접근을 막거나 움직임을 제한하여 원하지 않는 행동은 미리 예방한다.
    - 항상 바람직한 행동을 하도록 유도한다.
        - 집중하지 못한다면 놀이를 중단하고 당신과 함께 즐거운 것을 하도록 관심을 다른 데로 돌린다.
            - 스트레스를 받거나 놀이가 즐겁지 않다고 느껴진다면 잠시 쉰다.

강아지는 헝겊인형과 놀이를 하면서 에너지를 한껏 소모시킬 수 있다.

어떤 간식을 줘야 할까?

중요한 질문이다. 먼저 강아지의 나이와 크기에 적합하고 양질이면서 적절한 양의 식사를 먹이고 있는지부터 확인해야 한다. 이 부분이 선행되지 않으면 건강상 문제가 발생해 어떤 놀이를 시도하든 좌절할 수밖에 없다. 사람도 힘이 없거나 소화가 잘 안 될 때는 즐겁게 놀기도 힘들고 재미있는 활동에 집중하기도 어렵다. 강아지에게도 그런 이해심을 발휘해보자.

기본적인 활동을 위해서 대부분의 강아지들은 규칙적인 식사나 사료를 제공받는다. 그래서 자주, 충분한 보상을 받은 어린 개들은 당신과의 상호작용에 잘 반응한다.

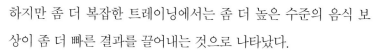

하지만 좀 더 복잡한 트레이닝에서는 좀 더 높은 수준의 음식 보상이 좀 더 빠른 결과를 끌어내는 것으로 나타났다.

작게 시작하기

보상으로 너무 큰 것을 이용하면 강아지는 금방 배가 불러서 활동을 중단할 것이다. 또 먹기 위해서 활동에 참가하는 것도 그만두려 할 것이다. 따라서 처음에는 손톱만한 조각으로 작게 시작한다.

새 음식은 조금씩

처음 먹어보는 간식은 소화하기 힘들어하므로 강아지가 익숙해질 수 있도록 새로운 음식은 부족한 듯이 천천히 주도록 한다. 간식 때문에 토하는 것 같다면 급여를 중단한다.

처음에는 작은 간식부터 시작한다.
좌우명은 '작게, 자주'가 되어야 한다.

다양함으로 흥미 유발하기

간식에 대한 흥미를 길게 이어나가려면 종류를 선별해서 다양하게 사용하는 것이 좋다. 어릴 때 새로운 음식을 접했던 경험은 나이 들어서도 음식의 기호에 영향을 미치기 때문에 다양한 것을 먹이면 한 종류의 음식에만 치중하는 것을 예방할 수 있다.

동기유발

동기유발의 측면에서 보면 강아지마다 인센티브로 작용하는 것이 각각 다르다. 우리는 어떤 환경에서 우리에게 동기를 부여하는 것이 다른 환경에서도 꼭 그런 것은 아니라는 사실을 알고 있다. 필요한 노력의 정도가 다르기 때문인데 이런 법칙은 강아지에게도 적용된다. 강아지를 알아가는 과정의 하나로써 키우는 강아지의 기호 파악에 시간을 투자해야 한다. 이렇게 하면 서로 간의 모든 상호작용에서 더 나은 결과를 얻을 수 있을 것이다.

보상이 될 음식 고르고 사용하는 방법

시중에서 구입할 수 있는 강아지 간식은 그 범위가 매우 방대하다. 원하는 것은 거의 다 가질 수 있겠지만 중요한 것은 강아지의 기호이다. 파는 간식이든 직접 만들어주는 간식이든 다 좋다. 다만 사람이 먹는 초콜릿, 과자류를 비롯해 사탕, 비스킷, 포도, 건포도, 땅콩 종류는 강아지에게 절대로 먹여서는 안 되는 음식이다. 강아지마다 선호하는 입맛은 다르지만 견생 초반 몇 달간 다양한 맛을 접할수록 강아지의 기호도 더욱 다양해질 것이다. 하지만 새로운 음식이나 간식을 지나치게 먹게 해서도 안 된다. 어떤 강아지들은 가장 기본적인 간식에도 매우 흥분하는데, 이런 강아지들에게는 기본 사료 외에는 굳이 사용하지 않아도 된다.

강아지에게는 적합한 간식을
제공해야 한다.

바닥에 간식을 펼쳐놓고 그중에서 무엇을 고르는지 지켜본다.
간단한 테스트를 통해 강아지가 어떤 간식을 가장 맛있어 하
는지 알아낼 수 있다.

간식 순위

강아지의 눈에 어떤 간식이 가장 큰 보상으로 비치는지 알아두면 과제의 난이도를 알 수 있기 때문에 매우 도움이 된다. 강아지에게 간식을 선택할 수 있게 하고 어느 것을 먼저 먹는지 지켜보면 강아지의 기호를 파악할 수 있다. 마찬가지로 천천히 다가가거나 거부하거나 뱉어내는 간식이 무엇인지 아는 것도 도움이 된다.

손에 들고 있는 간식을 강아지가 갑자기 낚아채거나 몹시 배고파 보인다면 하루에 주는 급여량이 현재의 나이와 사이즈, 활동량에 적절한지 체크한다. 이것이 맞지 않으면 배고파할 수도 있다. 갑작스러운 성장이 음식에 대한 욕구에 영향을 미치는 것은 극히 정상적인 일이다.

큰 간식은 한입 크기로
잘라준다.

장난감 테스트

모든 장난감은 똑같지 않다. 가장 비싼 장난감으로 가장 간단한 놀이를 할 때만 들뜰 수도 있고 버리는 포장재로 흥이 넘치는 즐거운 시간을 보낼 수도 있다. 다른 장난감보다 더 인기 있고 나은 장난감도 많겠지만 어느 것을 가장 좋아하게 될지를 결정하는 요인은 강아지의 천성이다.

간식 테스트를 장난감 테스트에 적용
해보면 강아지가 가장 좋아하는 장난
감이 어느 것인지 확연히 알 수 있다.

장난감 테스트를 하려면 장난감이 많이 필요하다. 강아지가 탐색하도록 바닥에 장난감을 펼쳐놓는다. 잠시 후 강아지는 다른 장난감보다 더 좋아하는 장난감 하나를 고를 것이다. 결과를 체크하면서 이 작업을 몇 차례 되풀이한 후 가장 좋아하는 장난감을 빼고 다시 반복한다. 이 방법을 통해 강아지가 가장 좋아하거나 덜 좋아하는 장난감이 무엇인지 파악할 수 있다. 물론 이 방법이 100% 확실한 것은 아니다. 어떤 장난감은 당기거나 던져줄 때 훨씬 더 재미있고, 어떤 것은 에너지를 많이 쏟을 때 제일 재미있기 때문이다. 하지만 강아지가 기본적으로 선호하는 것을 잘 알게 되면 다양한 상황에서 장난감을 이용할 수 있을 것이다.

장난감 테스트에서 1순위를 차지한 공.

접촉 테스트

대부분의 강아지가 쓰다듬어주거나 스킨십하는 것을 좋아하겠지만 중요한 것은 어느 정도나 지속하기를 원하는가이다. 다가가서 인사하고 몇 분 동안이나 쓰다듬고 안는 것을 허용하는지는 강아지마다 차이가 있다.

강아지가 다가오면 아주 짧게(15~30초) 쓰다듬었다가 멈추고 반응을 본다. 강아지가 물러서거나 다른 활동을 하면 접촉이 충분했다는 뜻이다. 좀 더 쓰다듬어주기를 원한다면 강아지가 다시 돌아올 것이기 때문에 명확히 알 수 있다.

이런 체크 방법으로 강아지와 평생토록 바람직한 상호작용의 수준을 유지할 수 있도록 계속 연습하는 습관을 들여야 한다.

음성교감에 대한 반응

반려견이 청각장애가 아닌 한 당신은 강아지에게 말을 건네면서 많은 시간을 보낼 것이다. 인간이 의사소통을 할 때 보이는 지극히 자연스러운 본능 때문이다. 대부분의 강아지는 신나는 하이톤의 목소리에 잘 반응하는데, 이것 역시 강아지마다 다른 양상을 보인다. 무엇이 강아지를 흥분시키고 집중하게 만드는지 파악할 수 있도록 다양한 방법으로 말을 건네 보자.

어떤 강아지는 밝게 말하는 목소리에 반응할 것인데, 이런 반응은 자연스럽게 수많은 활동에서 용기를 북돋아 주는 역할을 한다. 하지만 어떤 강아지는 목소리에 덜 반응하거나 다른 톤에는 과하게 예민해지기도 하고 이로 인해 공포심을 갖거나 지나치게 흥분할 수 있으므로 이런 부분을 고려하여 의사소통 방법을 선택해야 할 것이다.

놀이스타일 적응하기

놀이를 하며 상호작용을 할 때는 '자기불구화현상'이라고 하는 흥미로운 모습이 나타난다. 아이를 키우는 아빠가 어린 아들의 나이에 맞춰 레슬링 놀이의 스타일을 바꾸듯이 개에게도 개별적으로 놀이친구의 수준을 적용해야 한다. 만약 이를 적용하지 않으면 놀이를 하는 도중에 문제가 발생한다. 반려견과 브레인 게임을 하면서 놀 때는 강아지의 성숙도에 따라서 활동이나 기대를 달리 해야 한다. 그래야 의도한 대로 놀이가 재미있게 유지된다.

놀이행동을 유도하는 방법	
○	✕
빠르고 신나는 움직임	강아지에게 돌진하는 행동, 특히 산만하거나 자고 있을 때
플레이바우: 상호교감을 나누고자 요청하는 낮은 자세	놀거나 흥미를 보이기를 강요하는 행동
달려가서 강아지를 부르는 행동	강아지에게 뽀뽀하고 껴안기
높고 신나는 음성과 짧은 단어 사용하기	강아지에게 소리 지르거나 억양 없는 어조로 말하기
장난감으로 놀이를 시작하고 약간이라도 흥미를 보이면 칭찬하기	강아지가 두려워하거나 피곤해 하는 신호를 무시하는 행동

놀이친구를 위한
바람직한 바디랭귀지

충분히 생각하기

강아지가 새로운 놀이를 갓 배우기 시작했을 때는 많은 도움과 용기를 줘야 한다. 하지만 도움의 손길을 내밀기 전에 당신이 원하는 것이 무엇인지 강아지가 고민하고 해결할 수 있는 시간을 충분히 주는 것이 중요하다. 강아지를 잘 살펴보다가 포기하기 전에 도움을 준다. 그리고 학습이 잘 받아들여지도록 올바르게 이해한 것은 확실하게 보상한다.

강아지들이 함께 노는 방법을 배울 수 있도록 강아지의 능력에 맞게 놀이스타일을 적용해야 한다.

균형 유지하기

항상 지기만 하면 놀이가 재미없다는 것은 누구나 경험해봤을 것이다. 강아지도 그렇다. 연구에 의하면 역할이 바뀔 때 놀이가 성공적이라고 한다. 사람과 강아지의 놀이에도 이것이 적용될 것이라는 기대 역시 일리가 있다. 물론 놀이는 매우 복잡한 활동이고 모든 관계는 다르기 때문에 언제나 50:50의 파트너십이라고 할 수는 없다.

새로운 놀이를 할 때는 천천히, 한 번에 한 걸음씩.

명확한 신호

어떤 개체가 다른 개체와 놀려고 할 때를 아는 것은 매우 중요하다. 오해는 싸움이나 치명적인 부상으로 이어질 수 있기 때문이다. 그래서 개는 자신의 의도를 명확히 전달하는 사랑스러운 놀이 제스추어가 발달했다. 강아지와 놀 때는 지속적인 놀이분위기를 유지하기 위해서 주기적으로 '난 아직 놀이를 하고 있어'라는 신호가 필요하다. 좋은 놀이를 하려면 양쪽 모두에게 적절한 신호가 필요하다.

팔꿈치를 굽히는 모습을 살펴본다. 강아지가 상체를 숙이며 플레이바우를 하거나 앞발을 들어 올리는지 확인한다. 둘 다 놀이를 하고 있다는 가장 명확한 신호이다.

개는 다른 개에게 자신의 감정과 의도를 알리기 위해서 바디랭귀지를 사용해 신호를 보낸다. 플레이바우나 앞발을 들어 올리는 등의 제스추어는 놀 준비가 되어 있다는 의미이다.

놀이를 하는 동안 체크할 사항

견주들의 경우 종종 놀이를 하는 동안 강아지의 신호 읽기에 실패하고, 강아지가 바라는 '우리는 놀고 있는 거야'라는 신호를 보내는 데에도 실패한다. 강아지에게 당신이 정말 놀이를 하는지에 대한 확신이 없을 때 문제가 발생할 수 있다. 당신의 행동과 강아지의 바디랭귀지를 이해하도록 노력하고 규칙적인 휴식시간을 갖는다. 강아지가 불편함을 느끼고 있다면 약간의 선택의 자유와 벗어날 기회를 줄 수 있어야 한다.

놀이를 성공적으로 하기 위해서는 서로간의 신뢰가 쌓여 있어야 한다.

강아지는 놀이를 할 때 종종 지나치게 흥분상태가 되기도 한다. 이런 상황을 피할 수 있도록 신호를 익혀야 할 것이다.

브레인 게임을 하는 동안 발생할 수 있는 문제

놀이 중인 강아지는 쉽게 흥분할 수 있는데 화가 난 주인은 간혹 놀이를 완전히 그만두기도 한다. 재미있는 놀이를 하는 동안 강아지는 자연스럽게 거리낌이 없어질 것이다. 이것은 놀이가 너무 재미있다는 뜻이지만 안타깝게도 흥분하기 쉽고 세게 물거나 당신에게 달려드는 등 평소에는 하지 않을 짓을 저지를 수 있다는 뜻이기도 하다.

물기

반려견에게 물리는 사건이 상당히 많은 만큼 강아지와 놀이를 하는 것에 대한 걱정이나 우려도 상당하다. 강아지는 물건을 움직이거나 들거나 사람을 간지럽힐 수 있는 손이 없다. 오직 입뿐이다. 따라서 강아지에게 입으로 물어도 되는 물건이 어떤 것인지 가르치는 데 시간을 투자해야 한다. 강아지가 입을 사용할 때 주의하도록 배우면 이빨이 사람의 몸이나 옷에 닿은 즉시 놀이를 그만두게 될 것이다.

마운팅

놀이를 하는 동안 과도한 흥분으로 발생하는 또 다른 걱정은 일부 강아지가 주인이나 물건에 마운팅을 하는 것이다. 암컷이든 수컷이든 성별에 상관없이 이런 행동을 하는 모습을 찾아볼 수 있다. 강아지가 더 흥분하거나 관심을 끌기 위해 이런 행동을 하지 않도록 진정시켜야 한다. 나중에 게임을 하는 동안 과도하게 흥분하면 알 수 있도록 강아지를 관찰하는 것은 매우 중요하다. 하지만 너무 걱정하지 않아도 된다. 어떤 경우에, 특히 청소년기에는 놀이를 하는 동안 호르몬수치가 바뀌면서 생길 수 있는 매우 일반적인 현상이다. 마운팅 역시 의사소통의 스트레스로 여긴다는 암시일 수도 있기 때문에 놀이의 유형과 스타일을 재고할 필요가 있다.

과도한 흥분은 당신이 원하지 않을 때 성가시게 구는 행동으로 이어질 수도 있다.

과정의 부족

강아지가 기대한 대로 행동하지 않았다고 해서 불만스러워하지 말고 무엇이 잘못되었는지 잠시 쉬면서 생각해보자. 어쩌면 다른 놀이스타일을 시도하면 강아지에게 동기부여가 될 만한 다른 것을 발견할 수 있을지도 모른다. 보통 커뮤니케이션이 부족하면 놀이에 대한 열망이 적거나 훈련이 잘 학습되지 않는다. 보상 타이밍이 좀 더 정확하도록 노력하고 적절하게 반응하고 있는지도 되돌아보고 목표 과제에 강아지가 자신감을 갖고 있는지도 확인한다.

흥미부족

놀이를 좋아하는 강아지에게 흔히 발생하는 일이다. 강아지가 갑자기 놀이와 당신과의 소통에 대한 의욕을 잃었다면 동물병원에서 조언을 구하도록 한다. 실제로 질병 외에도 놀이에 대한 열의가 감소한 데에는 다음과 같은 이유들이 있다.

• 이갈이

강아지도 이빨이 나는 중에는 장난감을 가지고 놀고 싶은 의욕이 덜 생긴다. 입안은 가장 예민한 부위이기 때문에 잠깐 동안 놀이를 한 후 핏자국이나 이빨이 빠진 것을 발견할 수도 있다.

어떤 강아지들은 놀이를 할 때 더 세게 물거나 잡고 집중력이 떨어지는 등 더 정신없이 서두르기도 한다.

정기적으로 강아지의 입안을 체크해야 하며 강아지가 불편할지도 모른다고 생각하는 것이 중요하다.

강아지의 입안을 정기적으로 체크한다. 이가 새로 나거나 잇몸이 아프면 통증 때문에 놀이를 하고 싶어도 의욕이 저하된다.

• 두려움

걱정이나 두려움에 대한 감정이 놀이에 대한 갈망을 감소시킬 것인지 알아보기는 쉽다. 우리도 비슷하게 반응하는 경험을 한다. 강아지도 새로운, 다양한 사건이나 물건에 노출된 적이 없었던 장소에 오면 쉽게 주눅들 것이다. 강아지가 편안함을 느낄 수 있도록 교감을 나눌 때는 신중해야 한다. 천천히 시간을 투자해 집에 적응할 수 있게 하고, 강아지에게 더 많은 요구를 하기 전에 당신을 믿도록 가르치는 것이 우선 이다. 행동을 작게 하고 갑자기 크게 움직이는 것은 피한다.

성장통

자라는 동안 어떤 강아지들은 성장통을 겪는다. 이때 강아지들이 축 늘어져 있거 나 활동에 잘 참여하지 않으려는 모습을 보인다면 동물병원에서 조언을 구한다.

놀이 끝내기

또 다른 활동을 지시하거나 놀이를 완전히 끝내는 등 강아지를 진정시키기 위한 정확한 판단을 내릴 수 있도록 강아지가 놀이를 하는 동안 주의 깊게 지켜봐야 한다.

다음과 같은 모습이 보이면 중단한다

- 강아지가 스트레스를 받거나 불편해하는 모습을 보이기 시작할 때.
- 강아지의 활동이 과도해질 때: 지나치게 뛰고 점프하고 잡아당기는 모습을 보인다.
- 강아지가 놀이에 집중하지 않고 마운팅을 하거나 물 때.
- 강아지가 놀이에서 벗어나려고 할 때.
- 강아지가 플레이바우를 중단한 상태에서 놀이를 힘들어하는 모습을 보일 때.
- 강아지가 더 자주 짖고 음성이 커질 때
- 평소보다 훨씬 더 으르렁거리기 시작할 때
- 강아지가 스스로 놀이를 중단하지도 못하고, 짧게 쉬지도 못하는 모습을 보일 때

강아지가 도망치려고 발버둥친다면 이제 그만 하라는 뜻이다.

강아지가 내려놓고 싶어 하지 않을
때 요청한 것 같다.

터그놀이를 하던 강아지가 무아지경이
되면 잠시 쉬는 시간을 갖는다.

이제 그만

강아지에게 놀이나 트레이닝, 상호작용이 끝났으니
다른 데로 가거나 다른 것을 해도 된다는 신호를 가
르쳐두면 매우 유용하다. '끝났어' '가도 돼' 등의 음
성 지시어가 효과적이다. 각 세션이 끝나거나 휴
식을 위해서 쉴 때 이렇게 말한다. 집중하기를 멈
추거나 릴렉스가 잘 될 때 강아지는 이 말을 쉽
게 이해할 것이다.

이제 쉴 시간이야.

준비물과 기본훈련

한 가지는 확실하다. 강아지를 처음 키우는 사람들을 겨냥한 아이템이나 장비는 아무리 사소한 것일지라도 충분히 판매되고 있다. 반려인을 노린 다양한 제품 속에서 이것저것 사들이느라 많은 돈을 쏟아 붓기 전에 당신의 생활방식과 강아지의 품종, 성격을 참작해 개인적으로 원하는 것에 대해 생각해야 할 것이다.

사람을 위한 장비

간식 파우치

입고 있는 옷에 기름이 묻거나 간식 냄새가 배지 않도록 손이 닿는 곳에 간식 모음을 둘 수 있는 유용한 도구이다. 목줄을 잡고 나가거나 놀이를 시작할 때마다 파우치를 소지하는 습관을 들이는 것이 좋다. 파우치에는 간식 외에도 배변봉투, 호루라기, 클리커, 여러 가지 장난감을 넣어둘 수 있다.

바람직한 키트 구성: 실용성 있는 옷, 편한 신발, 즉시 줄 수 있는 간식 파우치.

바람직한 복장

강아지와 놀이를 할 때는 바닥에 구르거나 쭈그리고 앉아 있는 시간이 많기 때문에 비싸고 좋은 옷은 어울리지 않는다. 즉 입는 사람이 편한 옷이어야 한다. 입으로

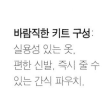

물어뜯는 것을 좋아하는 강아지
는 유혹을 참지 못하고 종종 긴 소맷
부리나 술이 달린 옷이나 풀스커트까
지 찾아내기 때문에 강아지가 어릴 때는
옷장을 임시로 조정해놔야 할 것이다.

강아지를 위한 장비

목줄

강아지를 데리고 공공장소에 갈 때는 반드시 목줄과 이
름표를 착용시켜야 한다. 하지만 처음 집에 데리고 왔을
때는 착용하는 데 익숙해지도록 시간을 줘야 한다. 강아

강아지 장난감은 강아지의
입안에 오랜 시간을 닿기 때
문에 씹어도 안전한지 확인
해야 한다.

지가 목줄을 하고 있으면 쉬운 놀이를 할 때는 사랑스러운 방해물이 되겠지만, 강아
지가 계속 그것에 신경 쓰느라 집중력을 잃는다면 어려운 수업을 배울 때는 힘들어
할 것이다. 강아지는 빠른 속도로 성장하기 때문에 정기적으로 목줄과 목 사이에 손
가락 두 개가 들어가는지 확인하여 사이즈를 체크한다.

브레인 게임에서 사용하는 도구

이 책에서는 다양한 아이템들이 제시되고 있는데 사용하려는 모든 아이템은 안전
하고 크기와 품질이 좋아야 하고 요구사항에 적합한지 확인해야 한다. 손상된 아이
템은 버리고 감독하는 사람이 없을 때는 단독놀이에 안전하지 않은 아이템은 절대로
강아지 근처에 놔둬서는 안 된다.

장난감

강아지를 키우는 사람들은 이미 강아지 장난감을 잔뜩 갖고 있을 것이다. 장난감

에는 저마다 목적이 있고 강아지의 기호는 시간이 지나면 달라지는데다 자라면서 다양한 과제를 학습하게 된다. 강아지는 이빨로 물어뜯거나 씹는 것을 좋아하기 때문에 손상되기 쉬운 장난감들은 평소에 잘 보관해야 한다. 강아지는 입으로 세상을 탐색하기 때문에 그 과정에서 접촉하게 되는 아이템들은 안전이 확보되어야 한다.

부드러운 장난감

가장 이상적인 장난감이지만 강아지가 장난감 인형의 눈이나 코, 팔 다리를 물어뜯기도 하고 충전재를 계속 뽑아대면 주인은 종종 혼란에 빠지곤 한다. 개에게는 매우 자연스러운 행동이지만 돈이 많이 들기도 하고 위험하기도 하다. 따라서 강아지가 인형 속에 든 충전재를 좋아한다면 충전재가 없는 부드러운 강아지용 장난감 인형을 고른다. 삑삑거리는 소리는 과도한 흥분의 원인이 되거나 겁을 먹게 할 수도 있다. 이럴 때는 인형 안에 든 소리상자에 구멍을 내면 소리가 나지 않게 된다.

견주들은 장난감을 이것저것 고르고 싶어 하지만 곧 강아지가 어떤 장난감을 가장 좋아하는지 알게 될 것이다.

공

절대적인 기준으로 고려되어야 할 것은 크기이다. 작은 공을 삼켰을 때 숨이 막힐 수 있기 때문에 큰 개를 함께 키우고 있다면 매우 조심해야 한다. 어린이용 통통볼은 작은데다 기관으로 넘어가면 잘 미끄러지기 때문에 매우 위험하다. 절대로 갖고 놀게 해서는 안 된다.

그 밖의 도구

책에 나오는 대부분의 아이템은 당신의 서랍이나 창고 안에서 발견할 수도 있고 중고거래를 통해서 쉽고 저렴하게 구입할 수도 있다. 어떤 아이템을 고르든 강아지에게 해를 끼칠 부분은 없는지 반드시 살펴봐야 한다. 사용하다 망가진 것은 버리고 다른 것을 준다.

클리커 트레이닝

버튼을 누르면 '클릭' 소리가 나는 금속 추가 안에 장치된 단순한 플라스틱 트레이닝 도구를 클리커라고 한다. 이 '클릭' 소리는 처음에는 강아지에게 아무런 의미도 없지만 간식이 도착할 때 반복적으로 소리를 듣게 되면, 앞으로 이 소리를 들을 때 강아지는 긍정적인 반응을 하도록 길들여져 이미 간식 보상을 받은 것처럼 신체적 정신적으로 반응하기 시작할 것이다.

클리커: 디자인은 다양하지만 기본적인 기능은 똑같다.

클리커를 누르는 바로 그 순간 강아지의 옆에 있을 필요는 없다. 클리커 트레이닝은 멀리 떨어져 있어도 행동이 강화되기 때문에 트레이닝을 할 때 매우 유용하다.

특별한 행동인 '마킹'은 클리커 기술보다 훨씬 더 쉽다. 어떤 사람들은 혀로 '츳'

소리를 내거나 '마커' 등 특정단어를 말하기도 한다. 강아지가 당신의 신호를 '좋아! 이걸 다시 할 가치가 있어'라고 연관만 짓는다면 트레이닝은 놀랍도록 효과적일 것이다.

이 책에서 하는 놀이에 클리커가 반드시 필요한 것은 아니다. 당신이 강아지를 칭찬하고 용기를 심어줄 준비가 되어 있다면 강아지는 분명 좀 더 즐겁게 놀이에 뛰어들 것이다.

클리커는 강아지에게 소리와 행동을 인식시켜 연결 짓는다.

놀이를 할 때 사용해서는 안 되는 것들

강아지를 위해서 브레인 게임을 만들 때는 상상력을 발휘하는 것이 좋겠지만 새로운 아이디어를 시도할 때는 항상 주의가 필요하다.

막대와 돌은 금물

안전한 장난감을 만들어주지는 않는다 해도 수많은 대안들 중 군이 그런 위험을 무릅쓴다는 것은 변명의 여지가 없다. 손이 아닌 입을 사용하는 개의 특성상 종종 돌이나 나뭇조각을 삼키기도 하는데 이때 날카로운 끝부분에 찔리거나 이빨이 부러지기도 하고 실수로 맞기도 한다. 절대로 사용해서는 안 되는 물건이다.

충격이 심한 행동은 금물

여기에 묘사된 대부분의 놀이는 강아지의 성장에 따라 적용할 수 있겠지만, 일부는 문제를 일으킬 소지가 있기 때문에 뛰어다니거나 뛰어오르는 행동은 군이 시키지

놀이를 할 때 강아지에게 점프를 시키고 싶겠지만 그런 곡예 같은 행동은 성장 중인 관절을 다치게 할 수 있기 때문에 삼가야 한다.

않도록 한다. 충격을 받아 강아지의 관절이나 성장 중인 뼈가 손상될 수도 있다.

기본 훈련

다음 장에 설명된 브레인 게임을 시작하기 전에 강아지에게 반드시 가르쳐둬야 할 몇 가지 스킬이 있다. 본격적으로 트레이닝을 할 때 가르쳐도 되지만 강아지를 처음 집에 데려오자마자 시작해도 된다. 처음부터 좋은 방법으로 시작하는 것이 어디가 잘못됐는지 되짚어야 하는 실수를 저지르는 것보다 낫다. 이런 식으로 하면 기본 훈련은 강아지나 당신 모두에게 훨씬 더 재미있으니 놀이를 하듯이 접근해보자.

음성신호 사용하기

사람은 언어로 커뮤니케이션을 하기 때문에 대부분의 반려인들은 강아지에게 말로 신호를 보낸다. 고맙게도 개는 우리가 내는 다양한 소리를 알아듣고 빠르게 연관 지을 수 있다.

하지만 혼란을 줄이기 위해서 특정 과제를 지속적으로 내릴 때는 똑같은 단어를 사용해야 하는데, 간결하고 구분하기 쉬워야 한다. 강아지가 그 단어의 의미를 익히기까지 시간이 걸릴 것이므로 먼저 행동을 격려하는 데 집중한다. 그런 다음 강아지가 정확하게 수행하면 지시어를 가르친다. 이것을 몇 차례 반복하면 강아지는 단어와 행동을 연결 짓게 된다. 유도에 따라 강아지가 반응하기 바로 직전에 그 단어를 말하다 보면 결국 그 단어를 행동에 대한 기폭제로 사용할 수 있게 될 것이다.

강아지가 공을 회수해오는 것을 좋아한다면 이 재미있는 놀이를 할 때 '물어와'라는 지시어를 가르쳐 보자.

수신호 사용하기

수신호는 명령어를 말하지 않아도 강아지에게 보내는 지시가 명확하기 때문에 애견 트레이닝을 할 때 매우 유용하다. 개는 바디랭귀지를 통해 자연스럽게 의사소통을 하는 만큼 우리가 보이는 모습이나 행동, 몸을 움직이는 방식에서 많은 것을 알아채고 완벽하게 이해한다. 시끄러운 곳에 있거나 청각장애가 있는 강아지에게는 먼곳에서도 수신호를 보낼 수 있어 유익하다.

수신호 트레이닝을 받으면 강아지는 명확하고 다양한 수신호 '어휘'를 빠르게 익힐 것이다. 이런 수신호는 개와 멀리 떨어져서 작업할 때 매우 효과적이다.

앉아

이 수업은 아마도 대부분의 강아지가 공식적으로 배우는 첫 번째 훈련일 것이다. 그렇지만 잠깐은 가능해도 대부분 안정적으로 오래 앉아 있지를 못한다. 성공의 열쇠는 연습뿐이다. 강아지가 당연히 저절로 믿음직스럽게 앉아 있을 것이라고 짐작해서는 안 된다. 강아지를 제대로 훈련시키고 잘 했을 때는 반드시 칭찬과 보상을 해야 한다.

레벨 업

생활패턴이 어떻든 간에 이 수업은 일상에서 당신의 생활에 도움이 될 것이다. 강아지가 '앉아'와 즐거운 일을 연관시키도록 학습된다면 동물병원에 갔을 때 곧 일어날 상황이 걱정스러운 강아지에게 훌륭한 오락거리가 될 수 있다. 보상과 관련된 행동 수행은 즐거움을 담당하는 뇌의 일부를 작동시키고 걱정을 담당하는 부위를 억제하기 때문이다.

이 단계에서는 간식을 주먹에 쥐고 있어야 한다.

1 앉거나 쭈그리고 앉아서 강아지의 주의를 끈다. 손에 간식을 쥐고 강아지의 코에 가져가 냄새 맡게 한다.

상호 게임 강아지와 반려인	
장 소	강아지가 편안해하는 곳
난이도	✦ 초급
준비물	약간의 간식이면 충분

🦴 **Tip**

강아지가 다양한 장소에서 앉도록 요청하는 연습을 한다. 예를 들어 당신의 옆 또는 멀리 떨어진 곳 등 다양한 장소, 각양각색의 바닥 표면에서 한다. 얼마나 빨리 반응하는지 살펴본다.

강아지가 제자리에 있으면 다른 간식을 주고 칭찬해서 '앉아'를 늘린다. 그런 다음 '그만 가' 등과 같은 짧은 말과 함께 즉시 강아지를 놔준다.

2 강아지가 간식을 따라 고개를 돌릴 수 있도록 간식을 아주 천천히 위로 올렸다가 강아지의 머리 뒤쪽으로 돌린다. 강아지가 고개를 들면 엉덩이는 자연스럽게 바닥에 닿게 된다.

3 강아지의 엉덩이가 바닥에 닿자마자 간식을 내주고 칭찬도 해준다. 손동작은 당신이 원하는 '앉아' 신호를 시작한다.

주의

강아지를 억지로 자리에 앉게 해서는 안 된다. 인내심을 발휘하다 보면 강아지는 기본적인 훈련을 매우 빠르게 익힐 것이다.

4 신호에 따라 강아지가 엉덩이를 더 빨리, 확실하게 내릴 때까지 몇 차례 이 패턴을 연습한다. 일단 강아지가 앉는 자세를 빠르게 취하면 음성 지시어 '앉아'를 가르친다. 처음에는 강아지가 자세를 취하고 있을 때 말하는데, 이렇게 하면 강아지는 단어와 행동을 연관시킬 것이다. 일단 강아지의 머릿속에 연관성이 생기면 손동작을 하지 않아도 '앉아'를 요청했을 때 빠르게 반응하는 모습을 기대할 수 있다.

'앉아'에 대한 보상을 받으면 강아지는 좋은 일이 생기는 자세라는 것을 학습하기 때문에 다음번에도 '앉아'를 할 가능성이 더 커진다.

엎드려

엎드려는 모든 개들이 따라 할 수 있는 기본 레슨 중 하나로 브레인 게임을 할 때뿐만 아니라 다양한 상황에서 요청에 따라 엎드면 관리하기가 쉽다. '엎드려'를 가르치지 않고서는 평온한 시간을 즐기거나 적당히 앉아 있도록 학습시키기가 어렵다. 그래서 이 명령어는 반려인들의 우선사항 리스트의 상단에 위치할 것이다.

레벨 업

일단 강아지가 신호에 따라 누울 수 있게 되면 매트나 강아지 침대에서 '안정'을 취하도록 유도한다. 장소가 바뀌어도 똑같은 학습을 쉽게 유도할 수 있기 때문에 집안에서 들고 다닐 수 있고 위치를 바꿀 수 있는 쿠션이나 담요는 매우 유용한 부대용품이다. 강아지가 피곤해하거나 자극이 과했던 것으로 보일 때 침대에서 휴식을 취하도록 유도할 수 있는 좋은 습관이 될 것이다. 강아지는 쉬거나 장난감을 물어뜯으며 시간을 보낼 것이다. 강아지가 휴식을 취할 때 사용하는 전용 담요에서 조용히 누워 있는 한 이것은 전혀 문제될 것이 없다.

1과 2

강아지의 옆에 쭈그리거나 바닥에 앉는다. 강아지에게 간식을 보여주고 일어서서 냄새 맡게 한다. 강아지가 '앉아' 자세를 시작하도록 유인한다.

상호 게임 강아지와 반려인	
장 소	강아지가 편안해하는 곳
난이도	✷ 초급 '앉아'가 선행되어야 한다
준비물	부드러운 카펫이나 러그 또는 침대, 간식

3 간식을 강아지의 코에서 바닥을 향해 천천히 아래로 내린다.

4 강아지가 간식을 따라 고개를 숙이도록 손을 천천히 움직인다. 머즐이 바닥으로 향하면서 등은 자연스럽게 호를 그리고 앞다리를 뻗으며 앉을 것이다.

5 강아지는 몸을 구부리는 자세가 힘들기 때문에 간식을 얻으려면 '엎드려' 자세를 취해야 한다. 강아지가 엎드린 순간 간식을 내주고 칭찬한다.

일어서

서 있는 동안 이것을 연습한다. 점점 몸을 덜 사용해도 정확한 반응을 보일 수 있도록 간략하게 줄인 수신호에 익숙해지게 한다.

주변에 방해요소가 있는 곳에서 연습한다. 하지만 겁이 많은 강아지라면 눕기를 망설일 것이다.

6 손을 움직이면 '엎드려' 자세로 빨리 움직일 수 있을 때까지 같은 세션을 몇 번씩 반복해서 연습한다. 강아지가 움직이기 시작할 때 음성지시어 '엎드려'를 말한다.

이리와!

성취감을 높이는 삶의 지혜: 나는 자유롭다

강아지가 밖에 돌아다닐 때 안전한 선에서 약간의 자유를 보장하기 위해 해야 하는 필수 훈련이다. 일반적으로 생각하는 놀이는 아니겠지만 훈련을 재미있게 만들거나 놀이의 일부에 포인트를 준다면 강아지는 당신에게 돌아오고 싶어 할 것이다. 물론 이 훈련이 재미있어 보이려면 당신도 좀 더 자주 연습해야 할 것이다. 강아지가 확실하게 돌아오도록 가르친다면 재미있는 게임을 할 수 있는 선택의 폭이 넓어질 것이다.

1 집안에서 강아지가 다른 곳을 쳐다보거나 냄새 맡을 때 시작한다. 처음에는 무릎을 꿇거나 쭈그리고 앉아서 하다가 강아지에게 자신감이 생기면 천천히 일어서서 한다.

2 활기찬 음성으로 지시어 '이리와!'를 말한다. 장난감을 강아지의 눈높이에서 흔들거나 간식을 볼 수 있도록 손을 펼치면 도움이 될 것이다.

3 강아지가 다가오도록 계속 유인한다. 강아지가 다가오면 보상이나 장난감을 내준다.

상호 게임 강아지와 반려인	
장소	집안에서 시작해서 정원이나 산책을 하는 도중 등 점차 방해요소가 많은 곳으로 옮겨간다
난이도	정신이 산만해지는 다양한 수준의 방해요소
준비물	간식, 장난감, 가르치는 동안 안전이 보장되는 긴 목줄

4 조금씩 거리를 늘리고 부를 때 좀 더 산만하게 만들면서 서서히 강화시킨다.

불렀을 때 강아지의 반응을 향상시키는 놀이

나 잡아봐라!

방향을 바꿔 달려가는 동시에 활기찬 목소리로 강아지를 부르는 것은 강아지의 주의를 끌어 당신의 뒤를 쫓아 달려오게 만드는 좋은 방법이다.

강아지가 가까이 다가오면 칭찬해주고 보상이나 장난감을 준다. 강아지가 뛰어오르거나 잡아당기기 시작하면 달리던 것을 즉시 멈추고 강아지를 진정시킨다. 강아지가 차분해지면 칭찬한다.

잔디밭처럼 풀이 평평하게 난 곳에서 이렇게 재미있고 템포가 빠른 놀이를 하면 안전하기도 하고 에너지도 많이 소모시킬 수 있다.

술래잡기

술래가 다른 사람을 터치하거나 잡으면 끝나는 놀이인 술래잡기의 강아지 버전은 강아지를 쫓아가 붙잡는 놀이는 아니지만 당신이 만지고 목줄을 잡는 데 익숙해지도록 만들 수 있다. 보상과 목줄 잡히는 것을 연관 지으면 산책 도중이나 뜻밖의 일이 일어났을 때 목줄을 잡기가 훨씬 쉬워질 것이다.

대부분의 개는 반려인과 너무 가까워지지 않도록 학습되는데, 이것은 곧 자유가 끝난다는 것을 의미하기 때문이다. 이렇게 되면 불만스럽고 시간만 잡아먹는 습관이 될 수 있다. 이 놀이에서는 강아지에게 닿을 정도로 충분히 가까워지면 보상받을 기회가 늘어난다는 것을 가르쳐 이 행위의 긍정적인 연관성을 강화시킨다. 이렇게 하면 위기상황에서 붙잡혔을 때 강아지가 놀라거나 달려들어 물리는 행동을 확실히 줄일 수 있다.

강아지는 가운데

따른 사람과 함께 걸을 때 서로 장난감을 던져서 주고받으며 강아지가 뛰어다니도록 유도한다. 장난감을 흔들거나 살짝 지분댄다. 강아지가 흥미를 보이면 동행과 짧은 거리에서 장난감을 주고받는다. 강아지도 할 수 있다. 이따금 강아지에게 장난감을 갖고 놀게 해주고 보상을 얻게 해주지 않으면 놀이는 곧 불만스럽고 재미도 없어질 것이다.

두 사람이 강아지를 사이에 두고 공이나 장난감을 굴리면서 놀이를 한다. 그 사이에서 강아지가 공이나 장난감을 쫓아가도록 유도한다.

가끔은 강아지가 이기게 해준다!

PART TWO

브레인게임 시작하기!

놀이는 그 자체만으로도 강아지의 성장과 발달에 중요하지만, 어떤 일에 대해서 강아지가 어떻게 반응할 것인지 또 다른 이들은 강아지를 어떻게 받아들일지 하는 양 측면에서 봤을 때도 중요한 훈련을 가르치는 데 도움이 된다. 게임마다 다양한 장점이 있지만 특정 놀이를 함으로써 향상되는 삶의 지혜가 각 게임의 제목 밑에 등장한다. 강아지는 행동과 트레이닝에 관한 잠재능력의 최대치에 도달하기 위해서 다양한 경험에 노출될 필요가 있다. 그래서 한 살 이전의 강아지에게는 당신이 하는 모든 것이 장차 어떤 성견으로 자랄지 영향을 미칠 수밖에 없다. 책임이 막중하게 느껴지겠지만(실제로도 그렇지만) 너무 걱정하지 않아도 된다. 그 과정은 당신에게도 충분히 즐거울 것이다.

삶의 지혜

나는 집중력과 자제력이 있다	강아지가 충동을 억제하고 당신의 신호에 따르는 법을 배우는 데 도움이 된다.
나는 독립적이다	강아지가 자발적으로 활동하며 시간을 보낼 수 있고 재미있는 것을 하고 싶을 때 전적으로 당신에게만 의존하지 않는다.
나는 균형감각과 조정력이 뛰어나다	이 놀이는 강아지가 신체적 정확도와 능력을 개발시키는 데 도움이 된다.
나는 안정적이고 자신감이 있다	강아지의 습관화와 사회화를 향상시키기 위해서 이 놀이를 통해 반드시 겪어야 할 일들에 노출된다.
나는 주의 깊게 보고 들을 수 있다	이 활동을 하는 동안 당신에게 집중하는 법을 배운다.
나는 본능을 표출할 수 있다	이 게임들은 강아지가 자연스럽게 하는 활동에 대한 배출구를 제공한다.
나는 핸들링될 때 편안하다	이 놀이는 좋은 핸들링 기술을 촉진하고 스킨십이나 안기는 것에 대한 긍정적인 연관성을 강화시킨다.
나는 함께 시간을 보내는 것이 재미있다!	이 놀이는 당신과 강아지 모두에게 자극과 재미를 주고 의사소통과 유대감을 고취시킨다.
나는 자유롭다	이 놀이는 당신의 부름에 대한 반응을 향상시키고 곁에 있고 싶게 만들 것이다.

브레인 게임 지침서

책에 나오는 각 브레인 게임에 대한 설명과 함께 컬러 도표에는 몇 가지 부가적인 정보가 수록되어 있어 당신과 강아지에게 적절한 놀이를 선택하고 적합한 도구를 준비하는 데 도움이 될 것이다.

장소

놀이를 하는 데 가장 적합한 장소에 대해서 알려준다.

난이도

어느 놀이를 시도해야 할지 좀 더 쉽게 알 수 있도록 별을 1~4개까지 표시하여 난이도를 나타냈다. 별 1개: 초보자, 별 4개: 고급

하지만 어디까지나 기준일 뿐 품종의 본능과 체형상 다른 견종보다 더 빨리 자연스럽게 습득하는 강아지도 있다. 이 지표는 다른 놀이를 배우거나 스킬을 처음 익힐 때 유용할 것이다.

도구

놀이를 할 때 필요한 아이템을 알려준다.

상호교감 레벨

놀이 타입에 대해서 한눈에 볼 수 있는 이 도표는 혼자 하기에 적합한지 또는 더 많은 상호작용이 필요한지 알려주는 핵심내용이다. 각각의 그림은 다음 내용을 의미한다.

 강아지 혼자 놀이하기

 강아지와 반려인이 함께 놀이하기

 강아지와 두 사람 이상 함께 놀이하기

집에서 할 수 있는 브레인 게임

어린 강아지의 뇌를 발달시키는 놀이
아주 어린 강아지는 본능적으로 탐색하는 습성과 연관된 놀이를 좋아한다. 강아지에게 아직 정

식으로 과제를 가르치지 않았다면, 일단 다양한 질감과 소리를 탐색할 수 있는 간단한 놀이부터 만들어주자.

감각놀이

성취감을 높이는 삶의 지혜:

> 나는 편안하고 느긋하다

재미있는 일을 많이 겪어
보고 그와 유사한 경험
이 많을수록 훗날 비
슷한 상황에 맞닥뜨렸
을 때 더 잘 대처할 수 있다. 어릴
때 다양한 상황을 접한 강아지는 두뇌발달이 촉진되기 때문에 준비된 강아지라면 결코 놀라지 않을 것이다. 걸림돌이 되는 것은 당신의 빈약한 상상력뿐이다.

타일이나 카
펫이 깔린 바닥
만 디뎠던 강아지라
면 겁을 먹을 수 있겠지만 질감이
다양한 표면을 걷게 하고 감각을 예민하게 만드는 다양한 도구들이 놓인 곳을 탐색하게 한다. 강아지가 용기를 낼 수 있도록 칭찬하고 보상한다.

새로운 것을 접한 강아지가 깜짝 놀라더라도 안달하는 모습을 보이지 않도록 한다. 아낌없는 지지와 용기를 북돋아주는 당신을 볼 수 있도록 곁에 있어준다.

상호 게임 감독자가 있는 단독놀이

장 소	강아지가 편안해하는 곳
난이도	✦ 초급
	상상력을 발휘해보자:
준비물	여러 가지 장난감, 욕실 매트, 타일, 소리가 나는 물건, 모래, 장난감, 불안정한 표면, 집안에 있는 물건, 바퀴가 달린 물건, 모자를 쓴 사람, 유니폼이나 제복 등

재미있는 박스

성취감을 높이는 삶의 지혜:

나는 안정적이고 자신감이 있다

안전하고 간단하게 새로운 질감, 소리, 기본적인 탐색 활동을 가르치는 재미있는 놀이이다. 상자 안을 뒤죽박죽으로 만들어 보자.

크기만 다양해도 박스는 강아지가 놀이와 트레이닝에 효율적인 도구가 된다. 택배상자도 재활용쓰레기로 버리기 전에 유용하게 사용할 수 있다.

상호 게임 감독자가 있어야 한다

장 소	강아지가 편안해하는 곳
난이도	✷ 초급
준비물	종이나 플라스틱 상자, 잘게 찢은 종이, 장난감, 간식

아주 큰 상자가 있다면 강아지가 장난감과 간식을 찾아서 안으로 들어갈 수 있도록 옆면에 구멍을 뚫어준다.

기본 형태의 상자 안에 잘게 찢은 종이를 넣어두면 쉽게 시작할 수 있다. 조심할 것은 독성이 있는 잉크가 묻어 있지 않은 종이여야 한다는 점이다. 상자 안에 강아지가 좋아하는 비스킷 몇 개를 뿌리고 탐색하게 한다. 쉽게 접근할 수 있도록 이 놀이를 처음 시작할 때 박스를 옆으로 세워야 한다. 자라면서 자신의 능력에 자신감을 얻게 되면 박스 안으로 들어가도록 똑바로 놔둔다.

장난감을 숨기면 간식을 대신할 미끼로 쓸 수 있다. 강아지가 의기양양하게 트로피를 물고 나오는 모습은 깜찍할 것이다.

레벨 업

일단 강아지가 다음 단계로 넘어가 '찾아라' 놀이를 배웠다면 상자 안에 숨겨 놓은 장난감이나 간식을 찾게 할 수 있다.

선물포장

성취감을 높이는 삶의 지혜:

나는 본능을 표출할 수 있다

지저분해지기는 하겠지만 본능적으로 당기고 찢는 행위와 탐색을 허용함으로써 한동안 강아지를 정신없게 만드는 재미있는 놀이이다. 새 장난감을 가지고 놀게 하면 몰두하는 시간을 늘리고 흥을 돋아 전념하도록 유도할 수 있다.

누구나 선물을 받으면 좋아하듯이 개도 새로운 아이템을 받으면 기뻐한다.

상호 게임 감독자가 있는 환경	
장 소	강아지에게 익숙한 곳이면 어디든
난이도	✴ 초급
준비물	장난감, 저렴한 종이(독성잉크가 인쇄되지 않은 것이어야 한다) 누구나 선물을 받으면 좋아하듯이 개도 새로운 아이템을 받으면 기뻐한다.

1 일부러 고르지 않은 이상 이 놀이를 할 때 새 장난감을 사용할 필요는 없다. 강아지 장난감들을 번갈아 사용하고 있었다면, 한동안 갖고 놀지 않았던 장난감 중 하나를 골라 종이로 포장한다. 이 놀이의 백미는 종이를 풀고 당기는 과정에 있기 때문에 물론 새 장난감을 포장해도 된다.

2와 3 포장한 종이에 테이프는 붙이지 않아도 된다. 실제로 이 놀이에는 사용하는 품목이 적을수록 더 안전하다. 포장한 장난감이 빠져나오지 않도록 종이 끝부분을 맞물려 눌러준다.

강아지가 선물을 냄새 맡고 가지고 놀도록 유도한다.

4와 **5** 강아지가 종이를 찢으면 칭찬한다. 안에 보
상이 있기 때문에 강아지는 포장을 풀어 상
을 받는 방법을 빠르게 학습할 것이다.

제 몫을 훌륭하게
해낸 포장지.

한전수칙

선물이 근처에 있을 때는 항상 신경을 써야 한
다. 강아지에게 독이 되는 음식이나 식물이 많
기 때문에 개들에게 크리스마스나 기념일은 특
히 더 위험한 시기이다.

터그 장난감은 반려인과
강아지가 교감을 나눌 수
있는 멋진 장난감이다.

6 포장이 풀린 장난감으로 놀게 하면서 놀이를 마친
다. 크리스마스선물이 주변에 있을 때는 이 놀이를
좋아하는 강아지를 항상 주시해야 한다. 유혹적인
냄새를 풍기는 것은 대부분 개봉된 선물이겠지만,
어떤 강아지들은 나무 밑에 있는 모든 것을 풀어보
기 위해 기꺼이 시간을 내기 때문이다.

레벨 업

이 놀이는 나중에 가족이 집을 비우는 동안 좀
더 복잡한 활동 장난감으로 강아지를 몰두하게
만드는 단독 놀이로 이어질 수 있다.

집에서 할 수 있는 브레인 게임

철장 안에서 재미있게

성취감을 높이는 삶의 지혜: 나는 독립적이다

상당수의 강아지들이 케이지나 우리 안에서 시간을 보내곤 한다. 그곳은 집일 수도 있고 여행을 하거나 차 안일 수도 있다. 또 켄넬이나 견사에서 시간을 보내야 할 수도 있다. 이런 강아지들에게는 그 안에 갇혀 느낄 수밖에 없는 지루함과 스트레스를 예방하기 위한 특별한 자극이 필요하다. 강아지가 매일 놀이를 하고 사회화될 연습기회가 많이 있는지 확인해보자. 이 놀이의 목적은 크레이트나 우리 안에서 지내는 동안 강아지의 경험을 늘리는 것이다. 하지만 놀이가 과도한 크레이트 사용에 대한 면죄부가 되어서는 안 될 것이다.

1 강아지가 몸을 뻗어 잡아당길 수 있도록 크레이트의 위쪽과 옆면에 밧줄로 속을 채운 활동 장난감을 매달아놓는다.

2 신축성 있는 끈으로 장난감을 달아놓으면 더욱 재미있어진다. 크레이트나 우리 바깥 부분에 튼튼한 닻 역할을 할 수 있는 끈을 안전하게 고정시키면 된다. 강아지가 장난감을 잡아서 끌어당기면 터그놀이를 즐길 수 있고, 놓으면 튕겨나간 장난감에서 간식이 튀어나올 것이다.

상호 게임 단독놀이

장소	케이지 안에서 강아지가 즐거워하는 곳이면 어디든
난이도	🐾 초급
준비물	강아지가 자유롭게 움직일 수 있는 여유 공간이 있는 동시에 뾰족하게 튀어나온 곳이 없는 안전한 크레이트. 안전이 보장되는 다양한 장난감과 간식

처음에는 크레이트의 문을 열어두는 것이 좋다. 강아지가 놀이에 빠져들면 문을 닫아도 알아채지 못할 것이다.

한전하게

강아지의 목을 감을 만큼 긴 줄이나 씹어서 부서질 만한 장난감은 사용하지 않는다. 이 게임은 당신이 곁에서 지켜보고 있을 때 가장 좋은 놀이가 된다.

3 강아지가 닫힌 공간에 있는 동안 밥을 먹일 수도 있다. 이곳에
먹이가 뿌려져 있으면 천천히 먹게 되어 활동이 연장될 것
이고, 다양한 활동 장난감에서 먹이를 꺼내기 위해 애
쓰는 상황이 즐겁다는 것도 알게 될 것이다. 강아지
에게 적합한 스타일과 크기의 장난감을 골라 안
에 음식을 채우고, 강아지의 주의를 끌어 장난
감을 씹거나 이리저리 굴릴 수 있도록 유도
한다. 처음에는 접근하기 쉽도록 음식이 필
요하겠지만, 강아지의 실력이 늘수록 음식
을 채우는 기술도 도전 레벨에 맞춰 향상되
어야 할 것이다.

4 강아지가 행복해하며 냄새를 계속 맡을 수 있고 다
양한 방법을 동원해 빼낼 수 있도록 철창 사이사이에 비
스킷을 끼워 넣는다(어떤 것은 낮은 곳에, 어떤 것은 높은 곳에).

레벨 업

강아지가 성숙해져 곳곳을 탐색할 필
요성이 줄어들면 좀 더 자유롭
고 안전하게 해줄 방법을 찾아
야 한다. 어쩌면 강아지는 열려
있는 크레이트 안에 들어가는 것
을 좋아할 수도 있다. 아니면 크
레이트를 완전히 없애도 될 것
이다.

활동적인 놀이

강아지가 성장하고 관절이 튼튼해지는 동안 적당한 한계는 준수해야 하겠지만, 조정력과 공간 인지능력을 발달시키고, 왕성한 에너지를 쏟아 부을 수 있도록 다양한 활동을 유도하고 가르쳐야 한다.

돌아

성취감을 높이는 삶의 지혜:

> 나는 함께 시간을 보내는 것이
> 재미있다

신호에 따라 빙빙 돌게 하는 이 놀이는 몇 번만 해보면 대부분의 강아지가 습득할 만큼 간단하다. 단순한 트릭을 수행하는 이 재미있는 놀이는 외출했다가 집에 돌아왔을 때나 차에 올라타기 전에 발을 말리기 위해서 수건이나 매트 위에서 돌라고 요청할 때 등 실생활에서 매우 유용한 상황으로 이어질 수 있다. 수건으로 직접 발을 닦아줄 때보다 훨씬 재미있을 것이다.

1 무릎을 꿇고 강아지와 마주 앉는다. 한 손에 간식을 쥐고 강아지가 관심을 가질 수 있도록 냄새 맡게 한다.

2 강아지가 간식을 냄새 맡고 핥을 때 간식을 따라 고개를 돌리게끔 아주 천천히 손을 옆으로 움직인다. 잘 따라하면 보상한다.

3 처음부터 한 번에 360° 회전을 바라기보다는 부분적으로 도는 데 성공하면 간식을 내준다. 손을 따라 자신 있게 회전할 수 있도록 어느 정도 회전을 강화시킨다. 미리 지시어를 생각해뒀다가 강아지가 도는 순간 지시어를('회전' 등) 말한다.

상호 게임 강아지와 반려인	
장소	강아지가 쉽게 회전할 수 있는 곳. 미끄럽지 않은 바닥이 좋다
난이도	✱ 초급
준비물	약간의 간식과 좋아하는 장난감

4 강아지가 1단계를 익혔으면 이번에는 서 있는 상태에서 놀이를 하도록 가르친다. 그런 다음 손동작을 천천히 줄이기 시작한다. 즉 코앞에서 손을 360°로 움직이지 말고 조금 떨어져서 움직임의 크기를 줄이는 것이다. 당신이 충분히 연습되었다면 강아지 역시 작은 수신호나 음성지시어만으로도 습득한 지식을 보이는 반응이 강화될 것이다.

Tip

강아지가 사람들의 관심을 끌기 위해서 돌게 해서는 안 된다. 이 놀이는 당신이 지시어를 말했을 때만 반응하도록 강화되어야 한다.

한전 가이드

강아지가 몸을 회전시킬 때 정상적인 행동을 방해하는 강박장애를 보일 수 있다. 이럴 때는 도는 행동을 부추겨서는 안 되며 동물병원에 이 문제에 관한 조언을 구해야 할 것이다.

5 반복할 때는 충분한 간격을 두어야 하고 매번 천천히 안정적으로 움직여야 한다. 강아지가 성장해서 좀 더 할 수 있게 되면 놀이의 속도뿐만 아니라 회전수도 늘릴 수 있다.

레벨 업

강아지의 레벨이 높아지면 반대 방향으로 도는 법도 가르치고 싶어질 것이다. 이때는 신호에 따라 다른 방향으로 돌 수 있도록 새로운 신호를 가르쳐야 한다.

둥글게 둥글게

성취감을 높이는 삶의 지혜:

나는 균형감각과 조정력이 뛰어나다

이 놀이는 앉은 자리에서 시작할 수 있다. 강아지가 주위를 돌 수 있도록 막대나 우산, 또는 수직 모양의 긴 물건을 준비한다. 강아지가 이 물건을 경계하지 않는지 물건을 움직이거나 흔들어도 기꺼이 다가가는지 미리 확인한다.

상호 게임 강아지와 반려인	
장 소	강아지가 편안해하는 곳
난이도	♥ ♥ 중급
준비물	우산이나 막대 또는 화분, 간식

레벨 업

나중에 강아지가 실외에서 많은 시간을 보내게 되면 이 놀이를 확장시키고 싶어질 것이다. 강아지 때 이 훈련을 익혀두면 성숙해졌을 때 어질리티 수업이나 도기댄싱에 참가할 수도 있을 것이다.

의자 차차차

성취감을 높이는 삶의 지혜:

나는 균형감각과 조정력이 뛰어나다

'둥글게 둥글게'에서 자연스럽게 이어지도록 당신이 아직 의자에 앉아 있을 때 강아지가 의자 다리와 당신의 다리를 돌게 가르친다. 이 놀이를

상호 게임 강아지와 반려인	
장 소	깅아지가 편안해하는 곳이면 어느 방이든
난이도	♥ ♥ 중급
준비물	기본형 의자와 간식

할 때는 편안하게 몸을 굽혀도 되고 의자 옆 바닥에 앉아 있어도 된다.

레벨 업

이 놀이는 조그만 강아지가 하기에는 좋지만, 성장하면 조금 어려워질 수도 있고 아예 못하게 될 수도 있다. 하지만 걱정하지 않아도 된다. '강아지 셔플' 처럼 크기만 허락된다면 그 공간을 기어가도록 유도할 수도 있고, '안팎으로 그리고 근처에서'(114쪽 참조)에 묘사한 것처럼 좀 더 전통적인 위브놀이로 넘어갈 수도 있다.

2 강아지가 우산 둘레를 오른쪽 방향으로 돌 수 있도록 음식으로 유인한다. 강아지가 오른쪽으로 돌자마자 간식과 칭찬으로 보상한다. 좀 더 연습하면 '돌아' 등 지시어를 말할 수 있게 될 것이다.

별 도움 없이도 우산 둘레를 돌 수 있을 때까지 유인을 줄이면서 몇 차례 세션을 반복한다.

1 강아지가 우산 둘레를 돌 수 있을 만한 공간을 확보한 상태에서 의자에 앉아 우산을 세로로 세운다. 우산을 잡고 있기가 어렵다면 화분이나 세로로 긴 고양이 스크래쳐 등 집에 있는 독립적인 물건을 사용하면 된다.

1 '둥글게 둥글게'에서 했던 것처럼 강아지가 당신의 다리와 의자 둘레를 돌도록 간식으로 유도한다.

8자 모양으로 돌고 있다.

2 강아지가 당신의 손을 따라 다리 밑으로 움직이면 성공할 때마다 칭찬하고 보상해야 한다.

3 당신은 언제 어느 손을 사용할지 좀 더 연습해야 할 것이다. 하지만 무릎에 간식 파우치를 올려놓으면 양손 모두 자유롭기 때문에 간식이 필요할 때 쉽게 접근할 수 있다.

가져와

성취감을 높이는 삶의 지혜: 나는 자유롭다

사람들은 흔히 강아지를 위해서 뭔가를 던지거나 굴려주기만 하면 알아서 물고 올 것이라고 생각하는데, 많은 강아지가 훌륭하게 해내겠지만 모든 강아지가 꼭 할 수 있는 것은 아니다. 던져준 물건이 무엇이었는지 강아지의 기분이 어떤지에 좌우되는 경우도 많다. 강아지가 좋은 시간을 보내는 곳에서 재미있는 회수놀이를 만들면 앞으로의 활동에 좋은 기술이 형성될 것이다.

당신의 궁극적인 목표는 경쟁스포츠에 참여하는 상상 속에서 강아지가 장난감을 가져와 당신에게 선물하는 완벽한 장면일 것이다. 하지만 처음에 시작할 때는 놀이를 복잡하지 않고 재미있게 만드는 데 중점을 두어야 한다.

1 바닥에 무릎을 꿇고 앉아 강아지의 흥미가 강화되도록 장난감을 흔든다.

2 너무 아슬아슬하거나 서두르는 것은 아닌지 확인하면서 장난감을 가까운 곳에 던지거나 굴린다. 강아지는 쉽게 산만해지는 경향이 있기 때문에 장난감을 멀리 던져놓고 달려가 가져오기를 기대해봐야 당신의 열광적인 응원도 소용없을 것이다.

네임 게임

이 놀이는 각종 장난감이나 회수 아이템으로 할 수 있는데 다양한 이름을 사용해서 아이템들을 구별할 수 있도록 가르친다.

밝은 색상의 장난감은 먼 거리에서 회수해올 때 좋은 타겟이 된다.

강아지가 기본적인 회수기술을 익히면 주변이 산만한 곳에서 다른 장난감들로 시도한다. 강아지가 같은 방에서 형제들과 옥신각신하고 있다면 잘하고 있는 것이다!

상호 게임 강아지와 반려인	
장 소	집안의 조용한 곳에서 시작했다가 경험이 축적되면 장소를 실외로 옮겨서 한다
난이도	✹ ✹ 중급
준비물	강아지가 정말 좋아하고 어렵지 않게 입으로 물어서 옮길 수 있는 장난감으로 시작한다

3 강아지가 장난감에 다가가 입으로 물면 칭찬의 말로 부르면서 쾌활하게 반응한다.

4 장난감을 낚아채고 싶은 유혹을 참는다. 당신에게 장난감을 가져다주는 것은 즐겁다는 인식을 심어줄 수 있도록 먼저 강아지를 칭찬하고 쓰다듬어준다. 장난감을 놔주기를 기다렸다가 한 손으로 받으면서 다른 손으로 간식을 내준다.

• 강아지가 다가오는 동안 위협적으로 느껴지지 않는 바디랭귀지를 익혀둔다. 강아지가 겁을 먹는다면 눈을 똑바로 쳐다보지 말고 다가왔을 때는 고개를 살짝 돌리고 손을 앞으로 뻗지 않도록 한다. 강아지가 올 때까지 칭찬과 유도를 아끼지 않는다.

강아지가 물고 있던 것을 놓으면 '내려놔. 잘 했어'라고 음성신호를 말한다.

1 시간이 지나면 거리를 늘려서 연습한다.

레벨 업
아이템을 훨씬 더 먼 곳에 두거나 물어오라는 신호를 주기 전까지 곁에 있게 하는 등 조건이 좀 더 까다로운 회수 작업을 하면 강아지도 재미있어 할 것이다.

2 아이템을 회수해오면 특별한 보상을 하고 장난감을 치우는 동안 마지막 간식을 주면서 칭찬한 후 '완료' 등의 지시어를 말하고 놀이를 마친다.

다양한 아이템으로 회수를 가르칠 수 있기 때문에 열쇠나 다른 물건을 찾아오게 하는 등 정말 유용한 찾기 놀이를 강화시킬 수 있고, 장난감의 이름을 익혔다면 특정 장난감을 회수해오도록 강화시킬 수도 있다.

스텝업

성취감을 높이는 삶의 지혜:

> 나는 함께 시간을 보내는 것이 재미있다

강아지의 사진을 찍을 때나 등이나 허리가 불편한 주인에게 살짝 올라오도록 해서 목줄을 쉽게 매기에 좋은 신호이다. 의자에 뛰어오르지 않았으면 하는 큰 개를 다룰 때도 좋다.

상호 게임 강아지와 반려인	
장 소	강아지가 편안해하는 곳이면 어디든
난이도	✦ 초급
준비물	튼튼한 박스나 작은 계단, 간식

'스텝업'을 유도하는 가장 쉬운 방법은 음식을 사용하는 것이다.

1 간식 냄새를 맡게 한다. 하지만 먹게 해서는 안된다. 계단 위로 올라오도록 간식을 천천히 코 위로 들어올린다.

2 간식을 쫓아가려면 강아지는 계단을 앞발로 올라서야 할 것이다. 강아지가 앞발로 계단을 밟으면 즉시 간식을 내주고 칭찬한다.
강아지가 계단에 양쪽 발 모두 쉽게 올려놓을 때까지 계속 연습한다. 그런 다음 음성신호 '스텝업'을 하면 된다.

3 시간이 지나면 간식을 이용하지 않아도 '스텝업'을 요청할 수 있게 될 것이다.

보물찾기

성취감을 높이는 삶의 지혜:

나는 본능을 표출할 수 있다

땅에 파묻기를 좋아하는 강아지의 본능을 발산 시킬 수 있는 재미있고 쉬운 찾기 놀이이다.

상호 게임 강아지와 반려인	
장 소	실내
난이도	✄ ✄ 중급
준비물	좋아하는 장난감, 담요나 이불로 시작한다

1 강아지가 보고 있을 때 담요자락 밑으로 장난감을 밀어 넣는다.

레벨 업

강아지가 장난감과 간식을 찾아 모래밭을 파헤 치도록 유도해보자. 이런 식으로 강아지의 파헤 치기 본능을 유도하는 것이 정원이 손상되는 것 보다 낫다.

안전 가이드

강아지가 물거나 할퀼 수 있으므로 이불 속에 숨어 있는 아이들을 찾게 하거나 달려들게 해서 는 안 된다.

2 강아지가 장난감을 찾을 수 있도록 격려한다. 곳곳을 파헤치고 뒤져서 장난감을 찾아내면 그 노력에 대해 칭찬한다.

• 강아지가 담요를 걷어내 장난감을 찾아내지 못한다면 쿠션 더미나 강아지 침대 밑에 숨기는 등 놀이를 좀 더 간단하게 만든다.

3 강아지가 장난감을 찾으면 칭찬하고 놀이를 빠르게 진행하기 위해서 당신도 합류한다.

4 이번에는 장난감을 담요 밑 더 안쪽으로 집어넣어 좀 더 어렵게 만든다. 담요 밑에 완전히 가려진 장난감을 찾기 위해 담요를 벗겨내려면 강아지는 훨씬 더 많은 시간과 에너지를 소모해야 할 것이다.

터그 놀이

성취감을 높이는 삶의 지혜:

나는 집중력과 자제력이 있다

어떤 반려인들에게는 여전히 경각심을 일깨우는 행동이기도 하지만 잘 통제된 터그 놀이를 가르치면 자극적이고 재미있으며 수준 높은 자기통제력을 심어줄 수 있다. 당신은 이 놀이를 할 때는 신중하게 반응하면서 공격적인 행동을 가르치거나 경쟁적인 행동을 부추겨서는 안 된다.

오히려 강아지가 지루해할 수도 있기 때문에 모든 게임에서 꼭 이겨야 할 필요는 없다. 하지만 놀이의 시작은 명확해야 하게 강아지가 충분히 놀았다고 생각되었을 때 놀이를 끝낸다.

제어

강아지가 너무 흥분해서 계속하려고 하면 '이제 그만' 등의 말을 하면서 갑자기 장난감을 떨어뜨린 후 그 자리에서 벗어나 놀이를 끝낸다. 반려인이 놀이에서 빠지면 재미가 반감되기 때문에 강아지는 당신의 말을 듣지 않으면 어떻게 되는지 학습될 것이다.

강아지가 딩신의 손에서 장난감을 어떻게든 끌어당기더라도 강아지를 따라가지 않도록 인내한다. 혼자서는 터그놀이를 할 수 없다는 것을 깨달은

1 당신과 강아지가 양쪽에서 각각 한쪽 끝을 잡고 있을 때 안전한 거리만큼 떨어져 있을 정도로 충분히 큰 장난감을 고른다.

우열을 가릴 수 없는 팽팽한 놀이이기 때문에 처음에는 강아지가 너무 열중한 나머지 좋지 않은 곳을 물 수도 있다. 강아지의 입안에 들어가도 부드럽고 편안해야 하므로 부드러운 장난감이나 밧줄 장난감을 골라야 한다. 고무장난감의 조건이나 강아지의 기호는 성장단계에 따라 달라지기도 한다. '터그' 장난감은 '터그' 놀이에서만 사용해야 한다. 다른 때 강아지가 갖고 놀게 방치해서도 안 되고, 다른 장난감으로 터그놀이를 하게 해서도 안 된다.

강아지가 돌아올 때까지 앉아서 조용히 기다린다.

놀이를 제어하는 것이 올바르게 행동하도록 학습시키는 가장 좋은 방법이다. 강아지가 위에 나온 것 중 한 가지만 반응한다고 해도 당신이 잘 컨트롤하는 한 걱정할 필요가 없다. 충동을 조절할 줄 아는 것은 앞으로의 삶을 위해 매우 중요하다.

상호 게임 강아지와 반려인	
장소	강아지가 안전함을 느끼는 동시에 돌아다니기에 충분히 넓은 방
난이도	✦✦ 중급
준비물	이제부터 계속 터그 장난감으로 쓰려고 고른 장난감(하나 더 있으면 유용하다). 간식

2 바닥으로 내려온다(강아지가 특히 활기가 넘쳐 주체가 안
되거나 물려고 해도 얼굴에 닿지 않는 거리를 유지하면서 일어
난다-흥분한 강아지는 실수를 저지를 수도 있으니 미리 조심
하는 것이 좋다).

3 강아지가 보는 앞에서 바닥에 장난감을 흔들어댄
다. 장난감을 흔들기 전에 강아지가 다가와 냄새를
맡게 하면 강아지의 관심이 증가할 것이다. 강아지
가 관심을 보이면 장난감을 물도록 유도한다.

4 강아지가 장난감을 잡고 있을 때 칭찬하고, 당신이
놀이를 하고 있는 중이라는 것을 강아지에게 보여
줄 수 있도록 '터그 터그!' 라고 말한다. 나중에 이
신호를 말하면 강아지는 당신이 어떤 놀이를 하고
싶어 하는지 알게 될 것이다.

한전 가이드

제대로 통제할 가능성이 낮기 때문에 어린아이
들이 하기에는 적합하지 않은 놀이이다. 어린
아이들은 종종 다양한 장난감이나 옷으로 터그
놀이를 하거나 뛰어다니면서 놀기도 한다. 이런
행동은 달갑지 않은 상황을 일으킬 위험이 높기
때문에 피하는 것이 좋다.

5 강아지가 장난감을 놓으면 '놔, 잘했어'라고 칭찬해
서 강아지가 장난감을 놓도록 유도한다. 강아지가
터그 장난감을 갖고 가면 다시 놀이를 하도록 불러
들이고 장난감을 흔들면서 '터그터그'라고 말한다.

• 강아지를 주의 깊게 살펴보다가 너무 흥분하기 전에
놀이를 중단시킨다. 테리어 종은 이런 놀이를 너무
좋아해서 흥분을 감추기 어렵기 때
문에 너무 오랫동안 놀이를 하게
되면 경중경중 뛰거나 깨무는 상
황이 벌어질 수 있다.

분쟁 조정

모든 강아지가 처음부터 자제력이 뛰어난 것은 아니다.
강아지를 내버려둬야 한다고 판단되면, 장난감을 잡아당
기거나 강아지의 입을 비트는 대신 장난감을 당기는 것
을 멈추고 강아지가 상황을 판단할 수 있도록 조용히 기
다린다.
잡아당기는 행동은 멈추었지만 여전히 한쪽
끝을 물고 있다면, 다른 손으로 간식을 주거나
다른 장난감(주머니에 넣어두거나 허리밴드에 보관한다)을 흔들
면서 장난감을 놓도록 유도한다.

요가 강아지

성취감을 높이는 삶의 지혜:

나는 균형감각과 조정력이 뛰어나다

대부분 집안 어딘가에 사용하지 않는 요가
볼 하나쯤은 있을 것이다. 요가볼은 요가 자세
를 하거나 헬스 운동을 할 때 보조도구로 사용하
는 커다란 공기주입식 플라스틱 공을 말한다. 요
가볼 하나만 있으면 강아지도 많은 것을 배울 수
있을 테니 요가볼을 꺼내 강아지 버전을 만들어
보자. 강아지는 새로운 활동을 학습할 수 있어
정신적으로 활성화될 것이고, 요가볼을 가지고
재미있게 스트레칭도 하고 조정력을 익힐 수
있을 것이다.

1 간식을 이용해 강아지를
요가볼 앞으로 유인한다.
처음에는 간식을 얻기 위
해서 요가볼에 기대는 정
도에 그칠 것이다.

4 강아지가 요가볼의 움직임에 맞춰 걸을 수 있도록
아주 천천히 속도와 평온함을 유지하며 유도한다.
강아지의 체격과 성격에 따라 바로 할 수도 있고 좀
더 격려가 필요할 수도 있다.

상호 게임 강아지와 반려인	
장 소	돌아다닐 수 있는 작은 공간이 있는
방이면 어디든
난이도	★★★ 고급
'스텝업'이 선행되면 좀 더 쉽게 해낼 것이다.
준비물	앞으로도 계속 터그 장난감으로
쓰려고 고른 장난감(하나 더 있으면
유용하다), 간식
공기를 주입한 요가볼, 에어펌프

5 강아지가 요가볼을 밀
게 되면 미리 생각해
둔 지시어를 가르치기
시작한다. 이 음성지
시어는 더 이상의 격
려 없이도 놀이를 시작
할 수 있는 도화선이
되어야 할 것이다.

• 요가볼이 굴러가지 않
도록 가만히 놓는다. 가
구에 기대거나 손으로
고정하면 된다. 강아
지가 편안하고 자신
감이 생길 때까지 탐
색하도록 내버려둔다.

2 강아지가 요가볼에 발을 올려놓자마자 간식을 준다. 요가볼에 편하게 발을 올려놓고 간식을 먹을 때까지 계속 연습한다.

3 일단 이 단계가 되면 강아지에게 약간의 동작을 유도할 수 있을 것이다. 강아지가 요가볼에 기대도록 유인하는 동안 요가볼이 움직이지 않도록 한손으로 잡고 있거나 몸에 닿게 한다. 강아지가 공과의 접촉을 유지하면서 뒷발로 걸어가 간식에 닿을 수 있도록 요가볼을 살짝 움직인다.

레벨 업

이제 강아지는 요가볼에 올라가 균형을 잡을 수 있는 단계가 될 것이다. 균형을 잘 잡을 수 있도록 요가볼에서 공기를 조금 빼 부드럽게 만든다면 처음부터 좀 더 쉽게 할 수 있을 것이다. 어린 강아지는 성장 중인 관절이 다칠 수 있기 때문에 요가볼에서 뛰어내리게 해서는 안 된다. 연습을 하다 보면 강아지가 이 놀이를 좋아하게 되어 요가볼 위에서도 균형을 잘 잡을 수 있게 될 것이다.

Tip

시작하기 전에 요가볼에서 공기를 살짝 빼면 도움이 된다. 그렇게 하면 강아지가 요가볼 위에서 방황하지 않고 발을 기대기 수월해질 것이다. 강아지의 실력이 향상되고 좀 더 성장하면 바닥에서 잘 굴러갈 수 있도록 공기를 더 주입해도 된다.

요가볼에서 공기를 살짝 빼면 작은 발을 올려놓기가 좀 더 수월해질 것이다.

• 세션을 쉬고 있을 때는 요가볼을 멀리 치워두거나 강아지가 적극적으로 놀이를 시도한 데 대해서 보상할 준비가 되어 있어야 한다. 하지만 움직이는 속도가 너무 빠르거나 어딘가에 부딪치지 않도록 잘 살펴봐야 한다.

당겨

성취감을 높이는 삶의 지혜:

나는 본능을 표출할 수 있다

강아지가 당신을 위해서 문이나 찬장, 서랍 등을 열 수 있다면 도움이 될 것이다. 어떤 이는 순전히 재미삼아 가르치기도 하고 어떤 이는 일상에서 중요한 도움을 받기 위해서 가르치기도 한다. 이유가 어찌됐든 위험할 만한 것에는 절대로 접근하지 못하게 하는 것이 중요한데, 이렇게 긴 말 하지 않고도 강아지가 열 수 있었으면 하는 것이 무엇인지 심사숙고해야 한다.

 터그 장난감을 당기는 방법을 가르치면서 시작한다.

레벨 업

놀이가 성공적으로 끝나면 '목줄 어디 있지?'(96쪽)와 연관시켜도 된다. 목줄을 착착 접어서 서랍 안에 보관하고 있다면 말이다. 그 말을 들은 강아지는 당장 목줄이 있는 곳으로 달려가 서랍을 열고 목줄을 찾아올 것이다.

2 강아지가 장난감을 잘 당기면 서랍 한쪽이나 문손잡이에 단단히 매달아놓는다. 처음에는 터그 밧줄을 잡고서 강아지가 그것을 입에 물도록 유도해야 할 것이다. 그러고는 '터그-터그' 하며 장난감을 잡아당기도록 격려한다. 강아지가 잘 해내면 칭찬하고 보상한다.

상호 게임	강아지와 반려인
장 소	강아지가 열기를 바라는 서랍이나 찬장이 있는 공간
난이도	✦✦✦✦ 고급 터그 장난감으로 '터그 놀이'을, 그 다음에는 '목줄 어디 있지?'가 선행되어야 한다
준비물	균형이 잘 맞는 기본형 찬장 1개와 간식

Tip

강아지가 터그 장난감에 얼굴을 맞지 않고도 문이 열리도록 장난감의 길이를 잘 조절해야 한다. 이런 일이 발생하면 강아지는 다시 놀고 싶어 하지 않을 것이므로 도구가 위치를 잘 잡았는지 확인한다. 강아지가 놀이를 배우는 동안 찬장에 흠이 생길 수 있으므로 시트지 등으로 약한 부분을 임시로 보완하는 방법을 모색한다.

신호에 맞춰 터그 장난감을 잘 잡아당기면 문이 활짝 열리는 모습을 볼 수 있을 것이다.

3 서랍이나 문이 열리면 강아지를 칭찬하고 크게 보상한다. 서랍이나 문이 열리기를 기대하지 않았음에도 불구하고 이 보상은 강아지의 열정을 유지시킬 것이다. 잡아당기기 힘들지 않도록 빈 서랍으로 시작하면 좀 더 쉽게 할 수 있다.

서랍이나 문을 쉽게 열 수 있을 때까지 계속 연습한다.

4 새로 연관 지을 수 있도록 그 전에 사용하던 지시어를 말하기 직전에 새 지시어를 말한다. '당겨-터그터그'라고 말한 후 서랍이나 문을 당겨서 연 것을 칭찬하고 보상한다. '당겨'라는 지시어를 듣고 당기기 시작할 때까지 짧은 세션을 여러 번 반복해서 연습한다.

5 이 놀이를 하지 않을 때에는 손잡이에서 터그 장난감을 풀어둬야 한다. 이것은 평소에 강아지가 스스로 서랍이나 찬장에 접근을 원하지 않는 일상에 도움이 된다.

한전 가이드

서랍에 안전장치를 설치해 서랍이 완전히 빠지지 않게 한다. 열린 서랍을 '스텝업'의 계단으로 이용하는 개도 있으니 그런 것도 고려하여 이 놀이를 가르칠지 여부를 결정하도록 하자.

강아지가 아무리 좋아하더라도 간식을 보관한 서랍이나 찬장으로는 연습하지 않는 것이 좋다.

안겨

성취감을 높이는 삶의 지혜:

나는 핸들링될 때 편안하다

예기치 않은 상황에서 강아지를 갑자기 들어 올리기보다는 이렇게 포옹을 하면 강아지가 적극적인 역할을 할 수 있기 때문에 강아지에게 신호를 보내 품에 뛰어오르게 가르치는 것이 유용하다. 다 자란 래브라도나 레온베르거에게 시도하기에는 즐겁지만은 않은 결과가 예상되므로 실제로는 작은 견종에게만 가르칠 수 있는 놀이이다. 강아지를 들어 올리려고 허리를 숙이느라 고생하고 있었다면 도움이 될 것이다.

강아지가 보상으로 준 간식을 얻기 위해서 관심을 끄는 방법으로 점프를 부추겨서는 안 된다. 이렇게 신호에 따라 행동이 형성되면 다른 놀이를 관리하기도 훨씬 더 쉬워질 것이다.

1 주저앉거나 무릎을 꿇고 앉아 손으로 허벅지를 두드리며 흥겨운 목소리로 강아지를 부른다.

4 서서히 자세를 높인다. 강아지의 크기나 연령에 따라 쿠션이나 낮은 의자에 앉으면 된다.

5 신호를 주면 강아지가 아주 편안하게 달려와 품에 안길 때까지 이 단계를 반복한다.

상호 게임 강아지와 반려인	
장소	강아지가 편안해하고 속도를 약간 내서 다가올 만한 공간이 있는 방
난이도	✦✦ 중급
준비물	간식, 쿠션, 낮은 의자

2 강아지가 신나서 당신에게 달려온다면 일단 순조롭게 시작된 것이다. 강아지가 당신의 무릎 위로 뛰어오르거나 시작할 수 있도록 최소한 앞발이라도 올리게 하는 것이 애초의 목적이었기 때문이다.

3 강아지가 무릎 위로 뛰어오르면 강아지를 붙잡듯이 부드럽게 안고 계속 칭찬한다. 품에 안고 있는 동안 강아지에게 간식 한 조각을 준다. 그러고 나서 부드럽게 바닥에 내려놓는다. 연습하는 동안 강아지가 무릎 위로 뛰어 오를 때 '올라와' '안겨' 등의 지시어를 말한다.

한정 가이드

품에 있던 강아지를 바닥에 뛰어내리게 해서는 안 된다. 이때 충격을 받으면 어린 관절과 아직 성장 중인 뼈가 다칠 수도 있기 때문이다.

• 나중에는 똑바로 서서 시작한다. 처음에는 강아지가 허벅지를 발판으로 삼을 수 있도록 벽에 살짝 기대어 무릎을 구부리고 있어야 할 것이다. 아무것도 없이 서 있는 상태에서 시도할 때는 강아지가 쉽게 뛰어오를 수 있도록 한쪽 무릎을 굽혀준다.

의자에 앉기

시간이 지나면 의자에 앉아 있을 때도 자신 있게 무릎 위로 뛰어오르도록 가르친다. 신호에 따라 점프하면 칭찬과 보상을 계속해야 한다는 것을 잊어서는 안 된다.

찾기 놀이

먹이 찾기

성취감을 높이는 삶의 지혜: 나는 독립적이다

먹이를 찾아다니는 강아지의 자연스러운 본능을 이용하기 때문에 가르치는 데 많은 시간을 할애하지 않아도 되는 매우 쉽고 체계적인 게임이다. 강아지가 천천히 밥을 먹도록 시간을 늘리고 싶을 때, 빨래를 널거나 개는 동안 관심을 돌리게 하고 싶을 때, 잠깐이나마 쉬고 싶을 때 하기 좋다.

먹이를 찾으려는 본능 한 끼 식사량 전부를 사용할 필요는 없다. 간식 몇 개만 뿌려도 짧은 시간 동안 정신을 빼앗을 오락거리로 그만이다. 또 배변한 분변을 먹으려는 강아지의 주의를 딴 데로 돌리는 데에도 훌륭한 대안이 될 수 있다. 분변을 처리하는 동안 강아지를 정신없게 만들면 스트레스를 주지 않고도 바람직한 새 습관을 형성시키는 데 도움이 된다.

상호 게임 강아지와 반려인	
장 소	정원
난이도	✸ 초급
준비물	건사료가 담긴 그릇

그릇에 건사료를 정량만큼 담는다 (습식은 적합하지 않다).

1 정원에 사료그릇을 가져간다. 한 손에 사료그릇을 들고 바닥 곳곳에 사료 알갱이를 뿌린다. 이때 바닥에는 분변이나 손상되기 쉬운 식물, 정원에 쓰이는 화학비료 외에 강아지가 접촉하면 안 되는 것들이 없어야 한다.

2 강아지는 사료 알갱이를 찾아다녀야 할 것이다. 사료와 바닥만 적합하다면 이렇게 사료를 뿌려서 먹게 하는 것도 실내 생활에는 효율적이다.

일반적으로 강아지들은 이런 장난감이나 간식을 좋아한다. 당신은 어떤 것을 더 좋아할까?

이 푸드 디스펜서 장난감은 곳곳에 뚫려 있는 작은 구멍에 먹이를 넣을 수 있는 공처럼 생겼다.

3 건사료와 간식을 장난감 푸드 디스펜서에 넣어두면 먹이찾기 놀이를 대신할 수 있다. 작은 구멍으로 비스킷 조각을 떨어뜨릴 수 있도록 밀거나 이리저리 굴려야 하는 것 등 다양한 스타일의 장난감이 있다. 플라스틱 음료수병도 재미있는 디스펜서로 이용할 수 있지만 부서지거나 씹힐 수 있으므로 한 번 사용한 것은 버려야 한다. 이런 종류의 음식 디스펜서 장난감들은 실내외에서 모두 사용할 수 있으며 어떤 상황에서는 바닥에 먹이를 뿌려주는 것보다 나을 수도 있다.

안전 가이드

연약한 식물이나 카카오 뿌리덮개(카카오빈을 로스팅하고 남은 찌꺼기로 만든 정원용 뿌리덮개)가 덮인 주변에는 사료를 뿌리지 않도록 주의한다. 강아지가 식물을 밟아 손상시키거나 개에게는 독성물질인 카카오 뿌리덮개를 먹을 수도 있기 때문이다.

찾아와

성취감을 높이는 삶의 지혜:

나는 본능을 표출할 수 있다

숨겨진 물건을 찾는 데 집중하는 법을 배우는 것은 강아지의 시간과 에너지를 소모시키는 아주 좋은 방법이다. 강아지가 아직 작을 때는 실내에서 시작했다가 점차 정원에서 하도록 유도한다. 산책을 할 때도 할 수 있다. 품종을 불문하고 강아지의 동기를 유발할 만한 것을 알게 된다면 일정 수준에서 이 활동을 즐기게 될 것이다. 숨은 물건 찾기에 강아지의 두뇌를 집중시킨다면 달갑지 않은 다른 행동에서 관심을 돌리는 데에도 도움이 될 것이다.

1 한 사람이 강아지를 살짝 붙잡고 있는 동안 다른 사람은 강아지가 가장 좋아하는 장난감을 흔들다가 가구나 쿠션 뒤에 보이지 않게 밀어 넣는다. 이 단계에서는 강아지가 쉽고 빠르게 접근할 수 있게 해야 한다.

2 강아지를 잡고 있던 사람이 강아지를 놔주는 즉시 '찾아와'라고 말한다. 강아지가 정확한 장소로 가도록 유도하고 제대로 찾을 수 있도록 칭찬한다. 강아지의 기호에 따라서 장난감을 갖고 놀게 해야 할 수도 있다. 놀이를 다시 시도하기 전에 상품으로 받은 것을 물고 돌아다닐 수 있게 해준다.

레벨 업

단순한 수준으로 할 수도 있지만 좀 더 넓은 곳에서 찾게 하거나 특정 아이템을 찾게 하는 등 다음 단계로 발전시킬 수도 있는 놀이이다. 대부분의 개는 다양한 장난감의 이름을 외울 수 있기 때문에 찾기 놀이에 이런 요소를 끼워 넣으면 더 재미있을 것이다.

상호 게임 강아지와 반려인

장 소	강아지에게 익숙한 방에서 시작했다가 실력이 늘면 다른 장소로 옮겨서 한다.
난이도	✚ ✚ ✚ 고급
준비물	강아지 비스킷, 비스킷 단지나 박스 (사진에 나오는 것 같은), 장난감

3 연습할수록 장난감을 시야 밖으로 조금씩 더 멀리 옮기거나, 찾아오라고 놔주기 전에 약간씩 타이밍을 늦출 수 있어야 한다. 진도를 빠르게 나가고 싶어도 강아지가 놀이의 수준을 확실하게 이해하기 전까지는 참아야 한다.

야바위

한정적인 공간에서 놀이를 확장시키는 방법 중 하나가 간식을 그릇이나 컵 밑에 숨기고 강아지에게 찾게 하는 것이다. 처음에는 그릇 하나로 시작하는데 강아지가 지켜보는 곳에서 간식을 숨긴다.

강아지에게 자신감이 붙으면 그릇을 늘리고, 간식을 찾으라고 요청하기 전에 그릇 위치를 바꿔 좀 더 복잡해지게 한다.

비스킷 어디 있지?

성취감을 높이는 삶의 지혜:

나는 함께 시간을 보내는 것이 재미있다

강아지는 강아지 비스킷을 보관하는 장소를 귀신같이 안다. '비스킷 어디 있지?'라고 말할 때 비스킷 상자로 달려가도록 반응하는 법을 가르치면 재미있을 것이다. 간식과 간식을 보관해두는 곳 사이의 연관성이 빨리 형성되기 때문에 가르치기도 매우 쉽다.

상호 게임 강아지와 반려인	
장소	강아지에게 익숙한 방에서 시작했다가 실력이 늘면 다른 장소로 옮겨서 한다.
난이도	★★★ 고급
준비물	강아지 비스킷, 비스킷 단지나 박스 (사진에 나오는 것 같은), 장난감

1 비스킷 간식을 주려 할 때는 조용한 시간대를 선택해 이 트레이닝이나 놀이를 시작한다.
활기찬 목소리로 강아지에게 '비스킷!'이라고 말한 후 비스킷 상자를 보관해둔 곳을 향해 달려간다. 그러면 강아지도 당신과 함께 그곳을 향해 달려갈 것이다.

2 간식을 꺼내 보상한다. '비스킷?'이라는 지시
어를 말하면 당신의 반응을 기대하면서 알아
서 비스킷을 보관하는 곳으로 달려갈 때까지
반복한다.

3 시간이 지나면 찬장이나 비스킷 상자에서 좀
더 멀리 떨어진 곳에서 연습하고, 강아지와의
사이에 다른 방해요소가 있을 때도 놀이를 시
도한다.

레벨 업

배달이나 택배가 곧 오기로 했을
때나 집 앞에 누가 왔을 때 강아지
의 주의를 다른 데로 돌릴 수 있는
최고의 오락이다. 현관 앞으로 돌진
하는 대신 비스킷 통으로 가도록 가르
쳐서 방문자에게 짖거나 달려드는 골
치 아픈 문제를 최소화할 수 있는 좋은
습관을 들이도록 한다.

목줄 어디 있지?

성취감을 높이는 삶의 지혜:

나는 함께 시간을 보내는 것이 재미있다

함께 산책을 나갈 때 스스로 목줄을 물어오도
록 가르쳐 보자. 대부분의 개들은 산책을 하
루 중 가장 멋진 일과로 여기기 때문에 고대
하던 시간과 관련된 놀이는 무엇이든 기꺼
이 배우려 할 것이다.

	상호 게임 강아지와 반려인	
장 소	강아지 목줄이 있는 곳에서 가까운 집안.	
난이도	✦ ✦ ✦ 고급	
준비물	강아지 목줄과 약간의 간식	

레벨 업

강아지가 고급 레벨 수준에 도달하면 목줄을
옷장이나 서랍에 넣어두고 강아지에게 문
을 열고 목줄을 꺼내오는 법을 가르칠
수 있다. 특별히 레벨이 더 높은
브레인 게임이다.

Tip

강아지에게 이 놀이를 가르치는
동안에는 보이지 않는 곳에 목
줄을 보관해야 한다. 아니면
당신이 요청하지 않았는데도
강아지가 다른 목줄을 물어
왔을 때 칭찬하고 보상할 준
비가 되어 있어야 한다.

1 집안. 목줄을 보관하는 곳 근처에
서 시작한다. 목줄을 내밀
며 '물어'라고 말해 강아
지가 목줄을 입으로
물도록 유도한다.

4 가족 중 한 명이 강아지를 살짝 잡고 있게 하고 목
줄을 보관하는 곳 근처 바닥에 목줄을 놓아둔다. 강
아지에게 목줄을 물고 오라고 요청하는 동시에 붙
잡고 있던 강아지를 놓아준다.

강아지가 와서 입으로 목줄을 들 때까지 기
다렸다가 칭찬하고 보상한다. 이제 강아
지는 목줄을 입으로 들면 보상받게 된다
는 사실을 알게 될 것이다.
목줄을 가져오도록 유도한다.

일단 강아지가 확실하게 하면
('목줄 물어오기' 처럼) '목줄'이라는
지시어를 추가해도 된다.

2 강아지가 입으로 목줄을 물어오면 칭찬해주고 보상을 내주면서 부드럽게 목줄을 건네받는다. 목줄로 터그놀이를 유도해서는 안 된다.

- 목줄을 건네받기 전에 잠시 멈춰서 강아지가 목줄을 물고 있는 시간을 늘린다.

3 강아지가 목줄을 가져오는 법을 배울 수 있도록 목줄을 가져오는 놀이를 한다. 어떤 강아지는 목줄이 접혀 있을 때 더 쉽게 물어오기도 한다.

5 산책 나갈 준비를 할 때 이 놀이를 한다면, 당신이 망설임 없이 목줄을 꺼내 자신을 데리고 나가는 것이 개에게는 매우 신나고 만족스러운 보상이 될 것이다. 그렇게 되면 이 놀이에 대한 강아지의 열의는 높아질 것이다.

목줄을 잡고 있을 때 '앉아'라고 요청한다.

6 놀이의 마지막 단계가 되면 강아지는 당신이 특별히 목줄을 요구하지 않는 이상 보상을 받지 않는다는 것을 깨닫기 시작한다. 물론 강아지가 산책을 예상하고 스스로 가져오기 시작하는 것도 충분히 가능하다.

파티게임

강아지는 발이 몇 개일까?

성취감을 높이는 삶의 지혜:

나는 핸들링될 때 편안하다

이 놀이에서는 강아지가 한쪽 발을 번갈아 들어 올리는 법을 배운다. 발마다 이름을 붙이거나 숫자를 매기면 놀이가 더 재미있어지는데, 강아지의 발을 말릴 때나 발바닥 사이에 흙이나 가시 또는 식물의 씨앗이 끼어 있는지 살펴볼 때 이미 익숙해진 강아지가 편하게 있을 수 있기 때문에 실용적이기까지 하다. 이런 신체접촉과 보상에 연관성이 생기면 발을 만지는 데 긍정적인 감정이 형성되어 발을 건드려도 싫어하지 않게 될 것이다.

1 강아지가 서 있는 자세에서 시작한다. 처음에는 혼동이 올 수 있으니 우선 한쪽 발만 한다. 발을 들어 올리도록 발등을 부드럽게 터치한다. 강아지가 발을 들어 올리면 칭찬하고 간식을 준다.

상호 게임	강아지와 반려인
장 소	약간의 방해물이 있는 집안
난이도	✦ 초급
준비물	간식

발바닥 체크

누가 자기 발을 만지는 것에 익숙해지면 호들갑을 떨지 않아도 강아지의 발바닥이 갈라졌거나 가시가 박혔는지 체크할 수 있다.

2 한쪽 발이 성공하면, 다른 발로 넘어가 이 놀이의 다음 단계를 이해할 때까지 과제를 반복한다. 강아지가 잘 해내면 보상한다.

3 각각의 신호를 잘 이해할 때까지 동일한 세션을 하는 동안에는 다른 발을 달라고 요구하지 않는다.

- 몇 차례 반복한다. 당신이 이 동작을 연습하면 강아지는 좀 더 빨리 발을 들기 시작할 것이다. 어느 정도 익숙해진 강아지가 행복하게 발을 들어 올릴 때 숫자나 이름을 붙이기 시작한다. 1번 발, 2번 발… 등 발에 숫자를 매기는 것이다. 단 이 놀이를 다시 할 때 어느 발이 몇 번이었는지 헷갈려서는 안 되기 때문에 반드시 기억해야 한다.

귀와 이빨

당신이 쓰다듬거나 발을 들어 올리는 것을 편안하게 여기게 되면 귀와 이를 체크하는 동안에도 강아지는 얌전히 앉아 있을 것이다.

강아지가 양쪽 발을 기꺼이 잡혀 주면 발을 잡고서 쓰다듬는 시간을 서서히 늘릴 수 있다. 이것을 집 안팎에서 연습한다. 그러면 강아지도 이미 편하게 느끼게 되었기 때문에 산책 중에 발바닥에 가시가 박혔을 때도 쉽게 살펴볼 수 있다.

절하기

성취감을 높이는 삶의 지혜:

나는 함께 시간을 보내는 것이 재미있다

강아지의 머리가 손을 따라 내려가자마자 칭찬해주고 간식을 먹게 한다. 보상을 주기 전에 강아지가 머리를 더 많이 숙일 수 있을 때까지 반복해서 연습한다. 보상을 늦게 주면 강아지는 완전히 엎드린 자세를 하게 되기 때문에 타이밍이 매우 중요하다.

	상호 게임 강아지와 반려인
장 소	강아지가 충분히 집중할 수 있는 아무 때나
난이도	✖ ✖ 중급 혼란을 주지 않도록 '엎드려'가 선행되어야 한다
준비물	간식

1 마주 보던 강아지 쪽으로 허리를 숙인다. 손에 쥔 간식을 강아지의 코앞에 가져간다. 하지만 아직 먹게 해서는 안 된다.

2 강아지의 코앞에서
바닥으로 손을 천천
히 내린다.

절을 하듯이 고개를 숙이는 행동은
개들이 흔히 하는 놀이를 요청하는 동작이다. 강아
지는 자발적으로 이 동작을 수행하겠지만, 신호를 보내면
트릭 마지막에 이 사랑스러운 행동을 추가하도록 가르칠
수도 있다.

3 강아지가 고개를 숙일 수 있게 되면 '절'이라고
음성지시어를 가르치면 된다. 반응을 잘 하면
보상을 준다. '절'이라는 지시어와 제스추어를
하면서 시작한다. 하지만 손에는 간식을 쥐
고 있지 않는다. 대신 강아지가 고개를 숙이
는 동작을 하면 다른 손에 있던 간식을 보상
으로 준다.

칭찬하고 보상하기 전
에 강아지가 절하
는 시간을 천천
히 늘리기 시
작한다.

내게 비밀을 말해줘!

성취감을 높이는 삶의 지혜:

나는 함께 시간을 보내는 것이 재미있다

강아지에게 비밀을 말해달라고 요청하면 강아지가 귀에 대고 속삭이는 것처럼 보이는 놀이이다. 다행히 이 놀이의 비밀은 강아지가 편안해하고 당신의 귀에 강아지가 숨을 내쉬는 것만 꺼리지만 않는다면 가르치기가 쉽다는 것이다. 강아지가 정말 무슨 생각을 하고 있는지 털어놓게 하기는 어렵겠지만, 조금만 연습하면 대부분의 강아지는 빠르게 습득할 것이다.

상호 게임 강아지와 반려인	
장 소	강아지가 편안해하는 방이면 어디든
난이도	✷✷ 중급
준비물	간식

1 바닥이나 강아지가 당신의 귀에 쉽게 닿을 만한 곳에 앉아서 시작한다.

2 손가락과 엄지 사이에 간식을 숨기고 강아지가 냄새를 맡도록 유인하며 귓불에 댄다. 어떤 사람들은 귓불에 간식 조각을 문지르기를 좋아하는데, 결코 해서는 안 되는 행동이다. 외이도에 손상을 입힐 수도 있으므로 귓속에 간식을 넣어서도 안 된다. 손 냄새를 맡도록 유도하고, 강아지가 그렇게 하면 칭찬하고 보상으로 간식을 내준다.

3 손에 간식이 없어도 귀를 가리키면 강아지가 자동적으로 냄새를 맡을 때까지 이 단계를 반복한다. 대신 다른 손에 들고 있던 간식으로 보상한다. 강아지가 모든 것을 학습하면 '비밀'이라는 지시어를 가르친다. 이제 당신이 귀를 가리킬 때마다 강아지는 귀 냄새를 맡으려 할 것이다. 그러면 '비밀'이라고 말하고 잘했다고 칭찬하며 보상해야 한다.

한전 가이드

잘 흥분하거나 깨무는 습관이 있는 강아지들에게는 이 놀이를 가르치지 않는다. 그런 녀석들에게는 얼굴 가까이 접촉할 기회를 아예 주지 않는 것이 좋다. 실수는 쉽게 일어나고 그 결과는 끔찍하기 때문이다.

악수

성취감을 높이는 삶의 지혜:

나는 핸들링될 때 편안하다

대부분의 견주들이 이 트릭으로 시작하듯이 강아지는 놀이를 하고 교감을 나눌 때는 발바닥으로 접촉하고 터치할 때는 발을 사용한다. 어떤 이들은 발바닥을 잡으려 하겠지만 신호에 따라 발을 내주도록 가르치는 것은 매우 쉽다.

1 바닥에 강아지와 마주보고 앉는다. 한 손에 간식을 들고 있다가 주먹을 감싸 쥔다.

상호 게임	강아지와 반려인
장　소	집안 조용한 곳
난이도	✦ 초급
준비물	간식

Tip

어떤 강아지들은 주인의 관심을 원할 때 발로 건드리기도 한다. 대부분의 사람들은 이것을 용납할 수 없는 행동으로 여기기 때문에 이렇게 부적절하게 행동할 때 강아지를 무시하고 관심을 주지 않는다. 하지만 강아지 입장에서는 밖에 나가자고 요구하는 행동일 수도 있기 때문에 왜 그러는지부터 생각해야 한다. 잠시 기다렸다가 강아지가 발로 건드리기를 멈추면 행동에 나선다.

발 바꾸기

강아지는 오른쪽이든 왼쪽이든 한쪽 발로만 건드리려는 경향이 있다. 일단 처음 내민 발에 이 명령을 가르쳤다면 다음번에는 다른 발에 시도해보자. 이때 강아지가 다른 발에 체중을 싣도록 유도하려면 반대 손에 간식을 쥐고 있어야 한다.

강아지의 반응은 저마다 다양하다. 간식을 쥔 주먹을 원래의 발쪽에 내밀면 그 발은 유혹에 넘어갈 것이다. 그래도 강아지가 사용하지 않는 반대쪽 발로 가져가 종종 그 발을 사용하도록 유도한다. 강아지의 행동을 탐색해보자. 이때 악수했던 발과는 다른 지시어를 사용해야 한다는 것을 잊어서는 안 된다.

2 손에 간식을 쥐고 강아지가 냄새를 맡을 수 있도록, 하지만 닿지는 않게 강아지의 가슴 높이까지 가져간다. 강아지가 당신의 손을 탐색하고 어떻게 그것을 얻을 수 있을지 생각하는 동안 조용히 인내심 있게 기다린다. 강아지가 손을 물려고 하더라도 소리 지르거나 휙 빼는 행동은 삼간다. 물려는 행동이 더 강화될 수 있기 때문이다. 이런 시도들이 성공하지 않도록 무시하고 기다린다. 강아지가 너무 심하게 물려고 하면 조용히 물러났다가 나중에 다시 시도한다.

• 강아지가 좀 더 자신 있게 발을 들어 당신의 손에 얹을 때까지 연습한다.

3 잠시 후 대부분의 강아지는 간식을 먹기 위해 발을 들어 올릴 것이다. 그러자마자 손을 펼쳐 먹게 해준다. 아주 조금 들어 올렸어도 괜찮다. 어떤 동작이든 당신이 원하는 행동에 대해서 강아지는 충분히 강화되었을 것이다.

레벨 업

일단 강아지가 이 명령어를 알게 되면 발바닥을 살펴보거나 수건으로 닦아줄 때, 발톱을 깎아줄 때 등 새로운 경험에 이용할 수 있을 것이다. 하지만 아주 천천히 진행되어야 한다. 시간을 충분히 두고 성취 단계를 작게 나누는 것이다. 강아지가 계속 편안해하고 있는지 보상은 잘 받고 있는지 중간중간 확인한다.

4 강아지가 동작을 수행하면 음성지시어 '악수'를 가르친다. 일단 지시어와 행동이 짝을 이루면 언제 어디서든 이 놀이를 하고 싶을 때 말할 수 있다.

다리 꼬기

성취감을 높이는 삶의 지혜:

나는 함께 시간을 보내는 것이 재미있다

이번에는 강아지가 엎드려 있을 때 한 쪽 앞다리를 다른 다리 위로 포개도록 가르치는 놀이이다. 다리가 길수록 잘 할 수 있기 때문에 강아지가 더 성장할 때까지 기다리거나 짧은 다리에 맞 게 놀이를 조정해야 할 것이다.

강아지의 관심을 얻기 위해 간식을 이용한다.

상호 게임	강아지와 반려인
장 소	강아지가 편안하게 누울 수 있는 곳이면 어디든
난 이 도	✖ ✖ ✖ 고급 '엎드려'와 '악수'가 선행되어야 한다
준 비 물	간식

1 강아지와 마주 보며 '엎드려'를 요청한다. 강아지가 엎드린 자세에서 한쪽 발을 올리고 시작할 수 있도 록 '악수'를 요청한다. 강아지가 잘 따라오면 칭찬 하고 보상한다.
'엎드려' 있는 동안 이 상황에 익숙해지도록 몇 차 례 연습한다. 이상적인 상황은 당신이 손을 내밀면 강아지는 당신이 원하는 것을 예상하고 앞발을 내 주는 모습인데, 강아지가 이렇게 하면 나중에 쓸 새 신호를 위해서 '악수' 신호를 미리 제거할 수 있다.

레벨 업

강아지들은 대체로 좀 더 잘 사용하는 발이 있 으므로 일단 그 발부 터 시작한다.

일단 이 과제가 잘 수행되면 다른 발로 시도하 는데, 둘을 구분할 수 있도록 '팔짱껴' 등 다른 지 시어로 부른다.

이번에는 왼쪽 발이 오른쪽 발 위로 올라왔다.

2 강아지가 잘 해내면 앞으로 뻗었던 손을 천천히 왼쪽 발로 이동하기 시작한다. 단계마다 강아지가 자신감이 있는지 확인하면서 천천히 진행한다. 손을 왼발 위에 올리고 천천히 움직이는 연습을 시작한다.

3 손을 반대편으로 움직이며 강아지가 당신의 손이 아니라 자신의 다리를 터치하게 되도록 강아지가 닿지 않는 곳에 손을 둔다. 강아지가 잘 따라오면 보상하고 정확한 타이밍이 되도록 집중한다.

4 강아지가 안정적으로 움직이게 되면 음성 지시어 '다리 꼬기'를 가르친다. 강아지가 그 뜻을 이해할 때까지 계속 연습한다.

강아지가 이 놀이를 잘하게 되면 간식을 주기 전에 이 자세를 유지하는 시간을 조금씩 늘린다.

구르기

성취감을 높이는 삶의 지혜:

나는 함께 시간을 보내는 것이 재미있다

체형이나 크기가 어떻든 대부분의 강아지가 정
말 빨리 해낼 수 있는 재미있는 트릭이다. 신호에
따라 강아지가 반대편으로 돌아눕도록 가르칠 수
있을 것이다.

상호 게임	강아지와 반려인
장 소	강아지가 편안하게 누울 수 있는 조용한 방
난이도	✦✦ 중급 '엎드려'가 선행되어야 한다
준비물	간식, 부드러운 바닥재

1 바닥에 엎드려 있는 강아지 앞에 마주앉는다. 간식
을 손에 쥐고 강아지의 코앞으로 가져간다.

2 강아지가 간식을 따라 고개를 돌릴 수 있도록
아주 천천히 옆으로 움직인다. 이렇게 하면
간식을 쫓아가기 위해서 강아지가 체중을
옮겨 싣는 모습을 보게 될 것이다. 각각의
움직임을 격려하는 의미로 간식을 준다.

3 강아지가 좀 더 빨리 체중을 옮겨 싣고 어깨를 돌려 반대쪽으로 넘어가는 모습을 보일 때까지 이 행동을 계속 반복한다. 이 강아지는 보상으로 가슴을 쓸어주는 것을 좋아하는 듯싶다.

간식을 쥔 손을 강아지의 몸 위로 반대쪽으로 넘기는 동작을 계속한다. 간식이 있는 손을 쫓아가기 위해서 강아지는 등을 돌려 구를 수밖에 없다. 강아지가 구를 때 방해받지 않도록 다리 쪽 공간이 충분히 확보되는지는 팔로 호를 그려보면 쉽게 알 수 있다.

4 일단 강아지가 잘 구르게 되면 '구르기' 같은 음성지시어를 가르친다. 음식에 대한 의존도를 줄일 수 있도록 원래의 손에 유인물이나 제스추어를 사용하는 대신 다른 손으로 간식을 주기 시작한다.

당신의 트레이닝 자세가 더 자연스러워지는 동안 강아지가 반응에 익숙해질 수 있도록 주저앉아 있다가 일어서는 연습을 천천히 시작한다.

연습하다 보면 강아지는 당신의 신호를 보고 지시어를 들으면 구를 것이다.

배를 보여줄래?

성취감을 높이는 삶의 지혜:

나는 핸들링될 때 편안하다

구르기를 이미 습득했고 배를 문질러주면 좋아하는 강아지들이 쉽게 할 수 있는 게임이다. 그런데 대부분의 개들이 배를 문질러주는 것을 좋아한다.

	상호 게임 강아지와 반려인
장 소	강아지가 행복하게 '구르기'를 할 수 있는 곳이면 어디든
난이도	✘ ✘ 중급 '엎드려'와 '구르기'가 선행되어야 한다
준비물	간식, 바닥이 차갑거나 딱딱하다면 매트

1 구르기에서 했던 것처럼 엎드려 있는 강아지와 마주 앉아서 시작한다. 같은 과정을 거치는데, 이번에는 강아지가 등을 바닥에 대고 배를 보이는 순간 간식을 준다. 강아지가 반대쪽으로 넘어가기 전에 보상을 줘야 하기 때문에 민첩해야 한다.

🦴 **Tip**

만약 강아지가 자신 있게 다가와 배를 드러내고 뒹굴거리며 쓰다듬어달라고 요구한다면 지시어 '배'를 말하면서 이 상황을 이용할 수도 있다. 아마도 강아지가 정말로 그 순간에 가장 원하는 보상일 테니 칭찬해주고 배를 문질러준다.

2 명령어 '배'를 지시하면 강아지가 구르다가도 등을 바닥에 대고 배를 드러낼 때까지 계속 연습한다. 강아지가 구르기 시작할 때마다 '배'라고 말한다. 그러면 강아지는 그 행동과 지시어를 연관시키기 시작할 것이다.

• 일단 강아지가 이 행동을 이해하면 수신호를 점차 줄여도 된다. 동작이 더 간단하고 작아질 때까지 서서히 작게 한다.

뒤에 누가 있게?

성취감을 높이는 삶의 지혜:

나는 함께 시간을 보내는 것이 재미있다

이 간단한 놀이가 손님들을 웃게 할 것이다. '뒤에 누가 있게?' 하고 강아지에게 물으면 강아지는 고개를 돌려 주위를 둘러볼 것이다.

상호 게임 강아지와 반려인	
장 소	약간의 방해물이 있는 곳
난이도	✹ ✹ 중급
준비물	간식

1 강아지와 마주선 자세에서 시작한다. 강아지가 냄새를 맡을 수 있게 손에 쥔 간식을 내민다.
간식을 따라 고개를 돌릴 수 있도록 강아지의 한쪽 어깨 쪽으로 간식을 천천히 움직인다. 강아지가 고개를 돌리면 재빨리 간식을 내준다. 그렇지 않으면 강아지는 몸 전체를 돌리게 될 것이다.

3 강아지가 단어와 행동을 연관 짓게 되게 되면 손을 크게 사용하지 않고 어깨만 가리켜도 충분하기 때문에 간식 사용을 점점 줄일 수 있다.

계속 연습하면 당신은 간단하게 가리키면서 '누가 뒤에 있지? 라고 말할 수 있게 될 것이고 강아지는 그 신호에 맞춰 주위를 둘러보게 될 것이다.

2 강아지가 쉽고 빠르게 돌 수 있을 때까지 연습한다. 강아지가 제대로 움직인 것에 대한 보상을 잊어서는 안 된다.
매번 강아지가 고개를 돌린 즉시 '뒤'라는 지시어를 말한다.

강아지셔플

성취감을 높이는 삶의 지혜:

나는 균형감각과 조정력이 뛰어나다

강아지가 기어가는 모습은 귀엽기 짝이 없다. 이 놀이는 책에 나오는 다른 놀이와 결합시켜 난이도를 높일 수 있다. 편하게 기어가는 것보다 토끼처럼 깡총깡총 뛰는 것을 좋아하는 강아지도 있겠지만, 어쨌든 강아지가 기어가는 모습은 체격에 따라 다르다.

이 놀이에서는 달리거나 겅중겅중 뛰어다니기보다 천천히 앞으로 움직임으로써 사지 관절의 움직임을 느낄 수 있도록 유도한다.

상호 게임 강아지와 반려인	
장 소	강아지가 편하게 누울 수 있는 바닥
난 이 도	✹ ✹ 중급 '엎드려'가 선행되어야 가르치는 데 도움이 된다
준 비 물	간식

1 '엎드려' 자세에서 시작한다.

2 간식을 손에 쥐고 강아지의 코로 가져가서 아주 천
천히 바닥으로 내린다. 강아지가 앞쪽으로 기어가
기 시작하면 간식을 내어주고 칭찬한다. 간식을 너
무 높이 들어 올리지 않아야 한다. 간식을 너무 높
게 들면 강아지는 앞으로 기어가기보다 일어서게
될 것이기 때문이다.

3 앞으로 기어나올 때마다 보상하면서 이 단계를 반
복한다. 강아지가 짧은 거리를 기어갈 수 있을 때까
지 자주 보상한다.

강아지가 앞으로 움직이고 있을 때
음성지시어 '기어'를 말하고 보상한다.

정원에서 할 수 있는 브레인 게임

안팎으로 그리고 근처에서

성취감을 높이는 삶의 지혜:

나는 균형감각과 조정력이 뛰어나다

정원은 대체로 식물과 공간을 나누어 사용하는데, 사람이 쉽게 옮길 수 있는 가벼운 화분도 몇 개쯤은 있을 것이다. 이 화분을 강아지가 즐겁게 놀 수 있는 멋진 활동 아이템으로 사용할 수 있다. 놀이 전에 미리 강아지가 화분이나 다른 도구들과 익숙해지는 과정을 거친다.

상호 게임	강아지와 반려인
장소	정원이나 큰 방
난이도	✖ 초급
준비물	4~8개의 화분, 고깔, 간식

레벨 업

어떤 기둥 둘레든 강아지가 돌게 할 수 있는데, 만약 강아지를 어질리티 대회에 내보낼 계획이라면 강아지가 스탠다드 어질리티코스를 본떠 만든

1 고깔(또는 화분)의 위치를 균일한 간격으로 배치한다. 강아지가 그 사이를 쉽게 걸어갈 수 있을 정도는 되어야 한다.

장애물코스를 만들 목적이기 때문에 컬러 고깔은 가볍고 밝은 색상이 좋다.

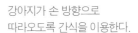

강아지가 손 방향으로 따라오도록 간식을 이용한다.

장대 둘레를 확실하게 돌 수 있기를 바랄 것이다. 빠를수록 잘하는 것이지만 키포인트는 정확도이다. 기둥 하나라도 빼먹거나 하면 점수를 잃는다. 산책할 때 즉흥적으로 강아지가 펜스 기둥이나 나무 같은 것을 돌게끔 유도하고 싶어질지도 모른다. 상상력을 충분히 발휘해 풍부한 야외활동의 경험을 만들어주자.

2 간식을 쥔 손을 강아지가 냄새 맡게 하고 첫 번째 고깔을 향해 움직이기 시작한다. 첫 번째 고깔 사이로 강아지를 안내해서 강아지가 고깔 사이로 걸음을 내디디면 간식을 준다.

3 나머지 고깔을 돌아 통과하도록 계속 유인하고, 강아지에게 자주 칭찬과 보상하는 것을 잊지 않는다.

일단 미끼를 따라 고깔 사이를 쉽게 통과할 수 있게 되면 '통과해'라는 음성지시어를 가르친다. 강아지가 고깔 사이를 내딛자마자 말한다.

이 강아지는 손에 쥔 간식에서 눈을 떼지 않고 있다.

이 구불구불한 길은 어질리티에서 사용되는 장대를 연상시킨다.

4 짧은 세션을 몇 차례 반복한다. 고깔 사이를 더 멀리 돌았을 때만 보상을 주기 시작한다.

똑바로 서서 강아지의 코에서 손을 살짝 떼면서 미끼를 서서히 줄이기 시작한다. 강아지를 안내하는 동작을 계속한다. 놀이 도중에 강아지가 산만해지고 헤매지 않도록 열광적인 응원을 아끼지 않는다.

언습하면 더 빨리 아주 작은 수신호만으로도 강아지를 지그재그 코스로 돌게 할 수 있을 것이다.

힌트를 줄게

성취감을 높이는 삶의 지혜:

나는 주의 깊게 보고 들을 수 있다

이번에 하는 놀이의 목적은 간식이나 장난감을 화분들 중 하나에 숨긴 다음 그 화분을 가리켜 신호를 보내는 것이다. 집중력이 성공률을 높이기 때문에 강아지는 당신에게 집중하는 것이 얼마나 중요한지 배우게 된다. 강아지는 우리의 지시에 따르는 능력이 놀라우리만치 발달되어 있지만, 반려인과 강아지 사이에 협동의 가치를 강화시킬 수 있도록 이 테크닉을 연습하면 도움이 될 것이다.

레벨 업

산책 중에 간식이나 공을 떨어뜨리고는 몇 걸음 뒤에 돌아보며 '저기 있네!'라고 말하면서 가리킨다. 이 놀이는 다른 방해요소에서 강아지의 관심을 돌려 떨어뜨린 간식을 찾도록 집중시키기에 좋은 방법이다. 땅 냄새를 맡는 것은 다른 개에게 보내는 카밍 시그널이기도 하다. 그래서 반려견이 '나 아무런 위협이 안 돼'라는 메시지를 보내도록 유도하는 매우 효과적인 방법이다.

상호 게임 강아지와 반려인	
장 소	정원 또는 공간이 충분한 실내
난이도	★★ 중급
준비물	화분 몇 개, 간식이나 좋아하는 공. 놀이가 좀 더 쉬워지도록 도와줄 사람

바닥에 화분 두 개를 놓는다. 뒤집지 않고 똑바로 둔다.

1 강아지가 이미 한자리에서 '기다려'를 할 수 있다면 화분에서 조금 떨어져 있게 해도 된다. 아니면 당신이 하는 행동을 강아지가 볼 수 있도록 다른 가족에게 강아지를 살짝 붙잡고 있게 하는 쉬운 방법도 있다.

자신만만하게

지금까지 웅크리고 앉아서 놀이를 했다면 이제는 서서 연습해보자. 손으로 가리키기 전에 화분에서 몇 걸음 떨어지도록 한다.

2 강아지에게 간식이나 장난감을 보여준 다음 화분 중 하나에 담는다. 잠시 그 행동을 멈추고는 강아지가 당신을 똑바로 쳐다보기를 기다린다. 그런 다음 강아지를 붙잡고 있던 손을 놓자마자 화분을 가리킨다.

3 장난감을 가리키기 전에 아무 화분에나 넣고는 이 놀이를 반복한다. 강아지는 장난감이 들어 있는 화분이 아닌 당신의 신호를 정확히 보고 있어야 한다. 화분을 가리키기 전에 당신을 보고 있는지 확인한다.

장난감이나 간식이 담겨 있는 화분을 가리키면서 '여기 있어'라는 지시어를 가르친다.

4 강아지가 화분에 숨긴 간식이나 장난감을 찾으면 칭찬을 아끼지 않는다.

1 이번 단계에서는 강아지가 산만하거나 다른 방에 있을 때 화분에 장난감을 넣어둔다. 이제 강아지는 당신의 신호에 전적으로 의존할 것이다. 장난감이 담겨 있는 화분을 가리키기 전에 뒤로 물러서서 강아지가 당신을 쳐다볼 때까지 기다린다. 강아지가 쳐다본 순간 붙잡고 있던 사람은 강아지를 놔준다.

2 일단 강아지가 놀이에 대한 감이 생겨 신호에 잘 반응하게 되면 화분을 더 늘리기 시작한다. 화분 때문에 혼란을 느끼지 않도록 천천히 진행한다.

뱀과 사다리

성취감을 높이는 삶의 지혜:

나는 균형감각과 조정력이 뛰어나다

정원에서는 강아지가 재미있게 놀 수 있는 다양한 장애물 코스를 만들 수 있다. 여기서는 두 가지 샘플을 조합해서 훗날 하게 될 어질리티의 단순 버전을 만들어 볼 것이다. 강아지는 장애물을 뛰어넘고 통과하면서 움직이는 방법을 배우게 된다.

상호 게임 강아지와 반려인	
장 소	약간의 방해요소가 있는 정원
난이도	✦ 초급
준비물	터널, 사다리(또는 가로대), 간식

뱀

터널을 훌쩍 통과하는 놀이는 강아지가 아주 어릴 때부터 시작할 수 있다. 아주 작은 강아지는 고양이 터널이 딱 맞겠지만, 실용적인 목적을 위해서라면 어린이용 놀이 터널이 적합하다.

1 후프처럼 보이도록 터널을 접은 상태에서 시작한다. 간식을 이용해 후프를 통과하도록 유인하고 칭찬한다. 그런 다음 돌아오도록 유도한다.

사다리

진짜 사다리를 이용할 때는 바닥에 평평하게 내려놓아야 하고, 나무줄기를 이용하는 경우라면 강아지가 넘어갈 수 있도록 충분한 거리를 확보하여 바닥에 마치 사다리의 가로대처럼 배치해야 한다. 강아지가 가로대 하나라도 건드릴까 봐 걱정하지 않고 걸어서 넘어가는 데 익숙해질 수 있도록 처음에는 바닥에 내려놓는다. 바닥에 있는 나무줄기 사이를 자신 있게 움직이게 되면 조금씩 높이를 올리면서 사다리의 가로대를 추가하면 된다.

1 강아지가 가로대 위를 걷도록 유도하고 막대를 넘어가려고 시도하면 칭찬한다.

2 강아지가 자신 있게 그 안으로 들어가면 접혀 있던 터널을 펼쳐 훈련을 반복한다.

통과했다!
간식의 힘이다.

레벨 업

일단 강아지가 두 가지 요소를 모두 학습하면 사다리와 씨름한 후에는 터널을 지나가도록 결합시킬 수 있다. '널빤지 건너기'와 '안팎으로 그리고 근처에서' 같은 장애물 활동을 추가해서 놀이를 더 재미있게 만들 수도 있다.

3 일단 강아지에게 자신감이 생기면 터널을 완전히 펴도 된다.

4 간식이나 가장 좋아하는 장난감을 터널 안으로 던져 넣는다. 강아지가 터널을 탐색할 시간을 준다.

5 강아지가 터널로 들어가면 통과해서 반대쪽 출구로 나가도록 유도한다.

강아지가 터널을 천천히 들어간다면 반대편으로 움직이도록 간식으로 유인을 시도한다.

2 강아지가 당신에게 계속 집중할 수 있도록 손에 간식을 쥐고 사다리 가로대를 넘을 수 있도록 강아지를 유도한다.

3 일단 강아지가 익숙해지면 작은 화분 접시 등을 받쳐 높이를 약간 높이고, 가로대를 빨리 넘어가 달리는 코스를 만든다.

첨벙첨벙

성취감을 높이는 삶의 지혜:

나는 안정적이고 자신감이 있다

어릴 때부터 물놀이를 접하면 강아지에게 여러 모로 이롭다. 우선 강아지가 배울 자극의 형태가 증가하는데, 이로 인해 젖어 있는 야외를 산책하거나 정원에 나가게 하기가 수월하다.

강아지가 조금씩 물 맞는 것에 익숙하게 만들면 목욕을 하거나 앞으로 더 큰 인내심이 필요한 수영을 견디는 데 도움이 될 수 있다.

1 플라스틱 트레이나 고무 대야를 안전한 곳에 준비하고 미지근한 물을 약간 붓는다.

2 한쪽 끝에 앉아서 강아지에게 다가와 들어가도록 유도하거나 장난감이나 간식을 물 속에 넣어두는 등 강아지가 탐색하도록 격려한다.

3 강아지가 물속에 발을 담그면 칭찬한다. 강아지가 뛰어들면 붙잡아 균형을 잡는다. 처음에는 물높이가 얕아야 하겠지만 세션을 반복할수록 강아지가 더 자유롭게 첨벙거릴 수 있도록 물을 채워 간다.

상호 게임 강아지와 반려인

장 소	실외. 물이 흘러 넘쳐도 닦아내면 되는 타일이나 돌이 깔린 실내에서도 할 수 있다
난이도	✦ 초급
준비물	크고 얕은 트레이나 욕조, 여분의 수건이나 강아지용 배변패드, 미지근한 물 한 양동이, 닦아줄 수건

강아지가 물속에 조용히 앉아 있거나 서 있다면 간식으로 보상한다.

4 강아지는 순식간에 감기에 걸릴 수 있기 때문에 놀이는 간단해야 하고 놀이가 끝나면 다 말랐는지도 꼭 확인해야 한다.

5 놀이가 끝나면 발을 말리는 데 도움이 되는 '돌아'를 한다.

레벨 업

강아지가 신체적으로 성숙해지고 신체능력이 향상되면 아마도 수영을 하거나 실외에서 아동용 물놀이장에서 놀이를 시키고 싶어질 것이다. 하지만 잠재적인 위험이 있기 때문에 물이 있는 곳에서는 항상 경계를 게을리 해서는 안 된다.

물속에 뛰어들도록 허락하기 전에 앉아서 기다리는 연습을 시켜 물이 있는 곳에서의 통제력을 높인다. 나중에 공원 등에서 즐겁게 놀고 있을 때 더 잘 제어하려면 즐거운 상황에서(오라는 명령을 잘 따르면 칭찬과 보상을 해야 한다) 벗어나도록 부르는 연습도 해야 한다. 즐겁게 놀고 있을 때 강아지를 불러들일 수 있다면 앞으로 닥칠 수많은 상황에 분명 도움이 될 것이다.

놀이가 끝난 후에는 강아지를 잘 말려야 한다. 이것도 강아지가 관리 받는 것에 익숙해질 수 있는 좋은 훈련이다.

서핑 강아지

성취감을 높이는 삶의 지혜:
나는 균형감각과 조정력이 뛰어나다

물놀이를 좋아하는 강아지에게 딱 맞는 게임이다. 물을 따뜻하게 유지하는 것이 안전하기 때문에 물살이 흐르는 곳보다는 쉽게 지켜볼 수 있는 어린이용 풀장에서 놀게 한다.

이 놀이는 새로운 버전의 '스탭업'과 '요가 강아지'라고 할 수 있다. 같은 원리를 이용해 강아지가 앞발로 킥보드를 짚으면서 균형을 잡도록 연습시키는 것이다.

모든 강아지가 물놀이를 좋아하는 것은 아니기 때문에 항상 주시해야 하고 강아지가 재미있어 할 때까지만 해야 한다. 이 훈련 전에는 강아지가 물속에서 편안하게 놀 수 있도록 익숙해지는 과정을 거친다.

레벨 업

시간이 지나면 천천히 풀장의 수위를 높일 수 있는데, 강아지가 자신만만하게 즐기고 있다면 킥보드에 오르려고 할 것이다. 하지만 이것은 정원용 놀이이므로 더 깊은 물에서 할 경우의 안전은 고려되지 않았다. 열정적인 수영선수가 즐길 수 있는 수중 스포츠이기 때문에 수영하는 곳은 당연히 성견이 안전하게 놀 수 있는 가까운 곳이어야 할 것이다.

1 | 어린이용 풀장에서 물놀이를 처음 시작할 때는 10~20 센티미터 이상 물을 채우지 않는다. 강아지가 편안해하도록 더 적은 물을 사용하는 것은 괜찮다.

🐕 상호 게임	강아지와 반려인
장 소	실외(정원 안)
난이도	★★★★ 고급
준비물	어린이용 풀장, 킥보드, 물, 간식, 닦아줄 수건

- 강아지가 익숙하지 않은 다양한 감각을 접하고 있을 때는 이 놀이를 강요하지 않는다.

3 이제 강아지가 킥 보드 위에 앞발을 내딛도록 간식을 손에 쥐고 유도한다. 처음에는 한 발만 올리겠지만 강아지의 발이 킥보드에 닿자마자 간식을 내줄 준비가 되어 있어야 한다. 소량의 물만 채운 상태로 시작하기 때문에 이 단계에서는 킥보드가 많이 움직이지 않을 것이다.

2 수영 킥보드를 풀장 안에 놓고 강아지가 냄새 맡고 탐색하도록 물속에 들어가게 한다. 강아지가 물속에 들어가 탐색을 하면 칭찬을 아끼지 않는다.

연습을 통해 강아지는 물속에서 앞발로 킥보드 위에 설 수 있게 될 것이다.

4 강아지가 킥보드를 밟을 수 있도록 유인하는 연습을 반복한다. 천천히 충분한 시간을 들여 맛있는 간식을 이용한다. 킥보드가 움직여 불안정하기 때문에 강아지가 익숙해지려면 시간이 걸린다.

5 규칙적으로 휴식 시간을 갖고 강아지가 물 밖으로 나오면 물기를 닦아내어 말린 상태를 유지해야만 한다.
강아지가 킥보드를 밟으면 '서핑'이라는 지시어를 알려준다.
연습을 통해서 이 말은 놀이를 시작하는 신호가 될 것이다.

널빤지 건너기

성취감을 높이는 삶의 지혜:

나는 균형감각과 조정력이 뛰어나다

해적을 연상시키는 이 놀이는 많은 재미를 준다. 또 강아지의 크기, 연령, 자신감 정도와 자연스러운 본능에 맞게 조절하기도 쉽다.

상호 게임 강아지와 반려인	
장 소	정원
난이도	✦ 초급
준비물	나무 널빤지, 간식

1 평평하고 안정적 바닥에 널빤지를 가로놓는다.

음식을 이용해서 강아지가 널빤지이 한쪽 끝에 오게 한다. 강아지가 네 발을 모두 널빤지만 밟고서 널빤지의 반대편 끝까지 걸어가게 하면 된다.

2 목표는 강아지가 널빤지 위에서 내려오지 않고 끝까지 걷게 하는 것이다.

3 자신만만한 강아지는 아마도 널빤지에서 아동용 풀장으로 뛰어드는 것도 재미있어 할 것이다.

레벨 업

강아지가 물을 좋아하고 물놀이에 자신이 있다면 널빤지 끝에 있는 아동용 풀장으로 기꺼이 걸어 내려갈 것이다. '들어가' 신호를 줄 때까지 널빤지 끝에서 기다리는 연습을 확실하게 한다. 이렇게 하면 물 주변에서도 강아지를 통제하는 능력이 향상될 것이다.

물놀이를 할 때는 항상 강아지를 감독해야 한다. 물이 가득한 풀장이나 연못에 절대로 혼자 내버려두어서도 안 되고 놀이가 끝나면 털을 완전히 말려야 한다.

숨바꼭질!

성취감을 높이는 삶의 지혜: 나는 자유롭다

당신이 숨으면 강아지가 찾아야 하는 이 전통
적인 놀이는 강아지를 부르면 바로 달려오고 산
책 중에는 당신에게서 눈을 떼지 않는 습관을 키
워줄 것이다.

상호 게임 강아지와 반려인	
장 소	집, 정원, 산책 중에
난이도	✹ ✹ 중급
준비물	놀이를 할 때 보상은 항상 효과가 있지만 준비물은 필요 없다

1 강아지가 작을 때는 의자 옆에 쭈그리고 앉아 강아
지를 부르는 등 방안에서도 놀 수 있다.
강아지가 달려오면 칭찬하고 보상한다.

강아지가 당신을 찾을 때까지 계속 이름을 부르면서 도움을 주는 것이 좋다.

2 강아지가 산만해지면 몸을 숨기면서 놀이를 시작한다. 잠시 기다렸다가 강아지를 부른다. 부디 강아지가 당신을 찾으러 오기를.

3 강아지가 성숙해지고 당신이 앉아/기다려를 잘하게 되면 멀리 숨으러 갈 때도 강아지를 그 자리에 있게 할 수 있다. 당신이 숨으려고 할 때 계속 쫓아오려 하면 가족 중 다른 구성원이 살짝 강아지를 잡고 있게 하면 도움이 될 것이다.

레벨 업

산책 중에 강아지가 산만해져 있을 때 나무 뒤로 걸어간다. 강아지가 어디 있는지 눈을 떼지 않도록 하고, 강아지가 당황해서 발을 동동 구르고 있다면 주의를 끌 수 있도록 휘파람을 불거나 촛촛 소리를 내서 찾을 수 있게 한다.

강아지가 준비되면 밖에 나가 놀이를 할 수 있다. 강아지는 당신이 멀어지는 것을 보면 버둥거릴 것이므로 아직 준비되지 않았다면 강요하지 않도록 한다. 강아지가 스트레스를 덜 받도록 몸을 숨기자마자 계속 이름을 불러 당신을 찾을 수 있게 해야 한다.

풋볼 게임!

성취감을 높이는 삶의 지혜:

나는 함께 시간을 보내는 것이 재미있다

큰 공만 있으면 강아지의 특성에 맞춰서 간단하거나 복잡하게 만들 수 있기 때문에 강아지는 얼마든지 재미있게 놀 수 있다. 강아지가 아주 어릴 때는 이 놀이에 대부분의 공이 적합하다. 하지만 강아지가 자랄수록 자주 공에 구멍을 내기 때문에 더 단단한 공이 필요할 것이다. 대부분의 개들은 입에 물기 쉽기 때문에 조금은 바람 빠진 공으로 더 행복하게 놀 수 있겠지만 크고 단단한 공이 유용하다.

이 놀이의 키포인트는 놀이를 작은 요소로 나누어 강아지가 연습단계에서 성공해서 자신 있을 때만 다음으로 넘어가는 것이다.

1 강아지가 공에 흥미를 보일 때마다 칭찬하고 보상하여 관심을 강화시킨다.

어떤 강아지들은 자연스럽게 공을 움직이겠지만 어떤 강아지들에게는 약간의 응원이 필요하다. 손이나 발로 공을 좌우로 굴리면 강아지의 관심도가 높아질 것이다.

레벨 업

강아지에게 골 넣는 법을 가르치고 싶다면 선택한 골대 바로 앞에서 시작한다. 강아지가 공을 밀면 골대 안으로 굴러가도록 내버려둔다. 골대 안으로 공이 들어간 즉시 칭찬하고 보상을 톡톡히 한다 골대 인으로 공을 밀어 넣으면 보상이 따른다는 것을 가르치는 데 집중하면서 세션을 반복한다. 조금씩 골대에서 멀어지게 한다. 강아지가 골을 잘 넣으면 항상 환호와 칭찬으로 반응한다.

상호 게임 강아지와 반려인	
장 소	정원, 놀이 장소에서 깨질 민감한 불건을 치운다면 실내도 가능
난이도	✦✦✦✦ 고급
준비물	축구공, 골대

3 좀 더 쉽고 효과적으로 공을 움직일 수 있도록 강아지가 공의 아랫부분을 밀 때까지 기다린다.
강아지가 공의 밑부분을 굴릴 때마다 보상한다.

2 이제 강아지가 실제로 공과 접촉할 가능성을 높여야 한다. 강아지가 코나 발바닥으로 공을 움직일 때까지 기다렸다가 칭찬하고 보상한다. 이 단계에서는 공을 잡고 있다가 세션이 끝나면 치운다.

4 일단 강아지가 확실하게 공을 터치하게 되면 실제로 공이 움직이지 않는 한 칭찬과 보상을 보류하여 좀 더 세게 밀도록 강화시킬 수 있다. 공을 잡고 있는 손을 느슨하게 하여 공이 조금씩 움직일 수 있게 한다.

2 목표는 강아지가 공을 코나 발바닥으로 살살 굴려 득점하게 하는 것이다. 실제로 강아지가 공을 골대 안으로 굴리면 칭찬하고 보상한다. 그러면 강아지는 득점하면 상을 받게 된다는 것을 깨닫게 될 것이다.

1 고깔이나 빈 화병 등으로 골대를 만들어서 놀이에 재미 요소를 추가한다.

PICTURE CREDITS

Unless otherwise credited here, all the photographs in the book were taken for, and are the copyright of, Interpet Publishing.

www.utoimage.com: Cover bottom

www.freepik.com: Cover middle right

Jane Burton, Warren Photographic: 22, 30 top, 32, 42 (Labrador and Pug), Cover bottom left, 53.

iStockphoto.com

Aldra: 120 centre left.
GlobalP: 15.
Studio-Annika: 13.
Walik: 18 (vacuum cleaner).

Shutterstock.com

Akitameldes: 67 top.
Ermolaev Alexander: 30 bottom, 31.
Andresr: 10 bottom, 19.
Artsilense: 44 (dog).
Mila Atkovska: 6, 21 bottom.
Paul Cotney: 5 top, 49.
Vesna Cvorovic: 76 bottom.

Ewa Studio: 58 bottom left.
Mandy Godbehear: Cover top right, 11 bottom.
Warren Goldswain: 28.
iko: 35 top, 35 bottom.
Eric Isselée: 10 top, 12, 17 bottom, 17 top, 20 (Dalmatian), 24 top (Beagle), 27 (puppy), 27, 34, 38 top (Border Collie puppy), 38 centre right, 41 top, 43.
Jagodka: 24 bottom.
Kamenetskiy Konstantin: 40 top (woman running).
Andrey Kuzmin: 11 top.
Oksana Kuzmina: 26.
Erik Lam: 25 top.
manfredxy: 51 (green and black clickers).
Nejron Photo: 24 (boy).
Iztok Nok: 114 bottom left.
Otsphoto: 18 (dog).
Sbolotova: 50 (Husky).
Susan Schmitz: 33.
Barna Tanko: 52.
Vitaly Titov and Maria Sidelnikova: 16, 40 top (Chihuahua), 61 bottom (Chihuahua).
Elliot Westacott: 45 both, 45 all three images.
WilleeCole Photography: 51 (red clicker).
WitthayaP: 29.

내 강아지 스트레스 없이 행복한
75 가지 놀이 방법

동물행동학 전문가가 전하는
두뇌 활성 놀이

클레어 애로스미스 지음 | 강현정 옮김 | 13,000원

고양이와 함께 하는
행복한 놀이 방법

내 고양이와 유대감을 높이는
행복해지는 놀이

클레어 애로스미스 지음 | 강현정 옮김 | 13,000원